一学就会的 下饭菜

赛菲 ◎ 著

Yixuejiuhuide Xiafancai

河南科学技术出版社

·郑州·

序言

天傍晚，太太刚回家，见我边烧菜边看电脑，气就来了，狮吼道："你的网瘾也太大了吧！烧菜还上网！""哪里啊！我刚在博客上学了一道麻辣豆腐，还不太熟呢！"我委屈道。一会儿，菜炒好了，太太一尝，竖起大拇指，夸我比以前做得好吃多了。我暗自庆幸刚学的那几个绝招：青蒜先放梗略烧后再放蒜叶，勾芡要两回……

我经营一家管理咨询公司，平时工作很忙，虽厨艺不精，但闲暇时喜欢做菜，最喜欢做些平实、能下饭的家常菜。不单为追求好味道，更因为喜欢看到家人、朋友品尝后那种满足的笑脸。但食者变化多端的口味，令人难以捉摸，我不得不借助于菜谱，以免遭遇屡试屡败，但大多数菜谱介绍粗略，直到我发现那个叫"菲一般的美妙滋味"的博客。印象最深的是那道"麻婆豆腐"，配了各步骤的写真大图，诱人的色泽，让人仿佛能嗅到菜香，也能直观体验到用量和效果，而且文字描述简洁优美，传神达意，特别是菜后附的那几条关键绝招，让你一看就明白那绝对是"烹林高手"久经沙场的"传世秘籍"。瞬间，我眼前一亮，很快突破了百试不成的症结，"武功"大进，终于有了开头那段，处在更年期的太太给出了难得的赞美，为家庭又平添了一份和谐与温情。

在佩服博主"赛菲"功底深厚且无私分享之余，不禁试着给赛菲留了言，望进一步指教。可是见那博客被点击得火爆，也没奢望会得到回复。没想到赛菲很快作答，且每问必答。后来，我发现赛菲不仅对我，几乎对所有网友都如此，像在陌生、浮躁且冷漠的网络，吹来一阵温润的迎面春风。后来，赛菲也时常到我博客来交流，我们就这样成了未曾谋面的博友。

之前，看过凤凰卫视的《美女私房菜》，很佩服那位美女厨师的才艺，因为"她比所有的美女都会烧菜，比所有会烧菜的长得都美"。但是，后来我了解到赛菲的现实经历，更让我感叹她的出众。她不仅是出色的大众烹饪高手、美食家、美女，也是一位作家，还有自己的餐馆！以我多年管理经验推断，她一定是个爱生活、爱挑战、懂艺术、懂得分享的人……

某天，赛菲忽然在网上告诉我，以她的博客整理的新书《一学就会的下饭菜》就要出版了，想请我为她作序。这着实让我有些错愕和茫然，我只是一个爱烧菜，但烧不好的平庸之辈，对美食虽然痴迷却知之不详，承担这样的荣誉，让我愧对作者和读者，无地自容。但仔细想过之后，还是觉得可以试着挥动手中拙笔写一点东西，因为，虽然我是平凡的美食爱好者，但是与赛菲一样的是，我爱生活。这包括：爱家人，爱我的工作，爱员工、朋友和客户……所以，我愿意为像我一样爱烧菜、爱生活的读者们，写下一段我对赛菲和这本书的真心感受。

美食是一种艺术，和一切艺术一样，源于别具匠心，而匠心则源于"爱"的酿造。当您在本书的指导下烹调出美食，您最亲近的人和您一同触及醉人的滋味时，您和他们或许会像我一样，彼此心中都感受到了与那颗匠心"爱"的共鸣！

崔伟

2013年5月

崔伟，北京阔维咨询有限公司总经理，兼营销顾问及撰稿人，曾出版《问鼎》《外企十年》等著作。

目录

PART 3

鲜嫩鱼虾

PART 5

爽心凉菜

PART 4

鲜香小炒

1

PART

清香时蔬

剁椒蒸芋头

我向来以为剁椒为湖南特产，后来才发现湖北、四川也做剁椒。但论名气，大概还要数湖南最盛。对于四川剁椒，我颇感新鲜，至少川东地区是很少做剁椒的，剁碎的红辣椒，大多都与蚕豆和作料一起做成了豆瓣酱。

在石光华先生所著的《我的川菜生活》里，他介绍了几种吃新鲜辣椒的方法，其中一种就是将新鲜红辣椒剁碎，装进坛里，放盐、鸡精、花椒搅匀，往里倒一斤（500克）生菜油或者调和油，密封窖制，约一个星期后，就可以用来当蘸料食用。其实，对于剁椒性质有所了解的人，不用亲口尝石先生的手艺，也能想象到那种香辣与劲爽。

制湖南剁椒，无须放花椒，选新鲜小米红椒或者湖南红椒，洗净控水，然后用干净的刀和菜板或者木盆剁碎，也可以凭自己的喜好加入生姜和大蒜一起剁，之后加入盐拌匀，然后放入泡菜坛内，洒些白酒，盖上盖密封，坛子口上的水槽里不但要加水，还得保持水不能干。如果是小家庭制作，可以洗净平常收集的罐头玻璃瓶，擦干水，将剁椒装进去，最后放入冰箱冷藏一个星期，即可食用。云南、贵州地区也有类似这种做法，叫"糟辣椒"。

剁辣椒是一件极辛苦的事情，特别是对辣椒过敏者，往往剁过之后，双手通红火辣，用冷水洗还好，如果放进热水，感觉如同被滚水烫过般刺痛。因此，特别喜欢吃剁椒又对辣椒过敏的人，可以戴上手套，或是选择剁辣椒专用的带柄剁刀（川东人称其为"擦刀"），在干净的大盆里放上大菜板或者直接在木盆里剁。

干辣椒与鲜辣椒虽说都有辣味，但是两者在口感上区别较大，干辣椒有烈性，而鲜辣椒有一种灵动鲜活的刺激。自从湘菜日益盛行以来，鲜红辣椒的运用，很大程度使湘菜重新恢复了生命力。当然，剁椒用青椒亦可，特别喜辣者，可用黄灯笼辣椒作为原料，里面配上蒜蓉，吃起来相当过瘾。

　　剁椒的用途广泛，无论与哪种家常菜似乎都能搭调。说到剁椒鱼头，几乎无人不晓。由此延伸出来的一些剁椒蒸菜也不计其数，比如剁椒鸡翅、剁椒白菜。我爱做剁椒芋头，喜欢那种粉中带滑，又浸染着剁椒特有的香辣。

　　芋头去皮后表面有黏液，会导致一些人过敏，跟山药很相似。倘若将芋头先蒸至八成熟，然后再去皮就可以缓解，同时可以避免蒸制时间过长，导致辣椒软烂不成型。如果提前用油将剁椒炒过再蒸芋头，吃起来会有滑润之感。这点小小的改变，算不算是锦上添花呢?!

所用料
Materials

· 芋头500克
· 自制剁椒4汤匙
· 盐适量
· 鸡粉1茶匙
· 食用油适量
· 香葱1根

这样做 Production Method

1 将芋头洗净，入蒸锅蒸八成熟。

2 将芋头去皮。（芋头不烫手即可去皮，我是上午蒸了下午才去的皮，所以颜色有些变深的迹象。）

3 把芋头不美的部分去掉，然后切成块。

4 炒锅烧热，锅热后放油，油热后将剁椒炒香后关火。

5 在芋头内加入剁椒、适量盐、鸡粉拌匀。

6 将芋头再次放入蒸锅内蒸10分钟至入味。

7 将香葱切成葱花。

8 把芋头装盘，撒上葱花，即可。

粉蒸土豆

作为蒸菜，土豆一般是充当垫底的配角，吃腻了顶层的荤菜，就用它来调节胃口，土豆吸收了肉类的油脂和香味，也变得很可口。红烧土豆、土豆丝、土豆片、土豆泥，似乎我们从未减少对土豆的热爱。偶尔，把土豆作为主角来打造一番，也可吃出一点新鲜意趣。粉蒸土豆，绵软中浸透着米粉的香味，唇齿间似乎缭绕着烟火的味道，格外温馨。

所用料
Materials

· 土豆500克
· 五香蒸肉米粉150克
· 郫县豆瓣酱15克
· 花椒粉1茶匙
· 香葱2根
· 大蒜2粒
· 生姜2片
· 腐乳汁1汤匙
· 盐适量
· 熟菜油2汤匙
· 鸡粉1茶匙

这样做　Production Method

1 土豆去皮，切成块状，然后用水洗去表层淀粉，防止变色。

2 香葱洗净切成葱花，豆瓣酱剁细，生姜和大蒜切成末。

3 土豆沥去水，加入豆瓣酱、生姜、香葱、大蒜、花椒粉、腐乳汁、熟菜油、鸡粉、适量盐拌均匀，码味20分钟。

4 加入蒸肉米粉。

5 分拌均匀，使每块土豆都沾上米粉。

6 笼底下铺好菜叶，把沾了米粉的土豆放进去，置入蒸锅中火蒸35～40分钟，至熟透。

TIPS
小贴士

❶ 由于土豆自身没有太多吸附能力，所以一定要加些油和少许清水在里面。

❷ 豆瓣酱有咸味，酌情放盐。

❸ 土豆不能切得太大。

干煸四季豆

四季豆与长豆角一样，有很多种吃法，油炸后加入肉末及川冬菜炒制，使普通的素菜华丽转身成为一道经典菜肴。我在川菜馆吃过好多种类型的干煸四季豆，有放辣椒和花椒的麻辣口味，也有舍去花椒，只以干红椒点缀的咸鲜口味。和兴客家王（深圳一家餐馆）也有干煸菜，干煸长豆角，加洋葱、肉末等炒制而成，香酥咸鲜，深受食客喜爱。如今是一个多元化的社会，各个餐馆也不限于卖本店主打菜，到淮扬菜馆，你可以点到水煮鱼，到川菜馆，也能吃到白斩鸡，然而我总觉得菜品太杂，很难让人体会到菜系的本真，大概因为我的思想太陈旧老俗吧。

说到干煸，人们往往会想到干煸牛肉，一般锅中少放油，放入牛肉直接煸炒即可。而干煸四季豆，则是用油炸，而且并不需要炸干全部水份，以表皮紧皱，七分干就行，这在干煸系列中，不太常见。既然是油炸，为何叫干煸？这主要体现在用油煸肉末和川冬菜上，而且四季豆炸后的香酥感，也与干煸牛肉近似。只是味道上，干煸牛肉为麻辣，而干煸四季豆为咸鲜，即使加了干红椒入菜，也并未炒出辛辣之味，多为点缀而用。

干煸四季豆，配料以川冬菜为首选，其次是芽菜，四季豆以细长的棍豆最佳，若掰断，最好不要短于8厘米。据说，最讲究的厨师，没有川冬菜和棍豆，宁愿不做此菜。家里日常制作此菜，若因原料局限，用超市卖的宜宾碎米芽菜亦可，也有不错的风味，但是不宜选老而空的扁四季豆，会让成菜失去脆嫩之感。

炸四季豆，要宽油（即多放油）高温，若油温不温不火，很难让四季豆的水份干掉。如果想得到最佳口感，要炸制到表皮紧皱，但也要见好就收，若到焦黄状态，吃起来就干而不嫩了。当然，这是根据个人口味而言，如果你喜欢那种干酥的做法，火候自己掌控。家常味道，合自己口味，就是最地道的做法。为了体现干煸韵味，炒肉末用温油，切忌过多，四季豆与肉末相融合，再慢慢煸出水份至七分干，最能体现香酥之感。

许多人因食四季豆中毒之后，便心有戒备。事实上，四季豆的种子可入药，有清凉、利尿、消肿之功效。只有吃没有熟透的四季豆，才会引起中毒现象。干煸四季豆，经过一场下油锅的炼狱之后，魔性也就基本湮灭。我们何其有幸！

所用料
Materials

· 四季豆300克
· 碎米芽菜1袋
  （100克）
· 猪肉80克
· 生姜少许
· 大蒜2粒
· 葱白3根
· 酱油2茶匙
· 盐适量
· 白糖1/4茶匙
· 鸡精1/3茶匙
· 黄酒1/2茶匙
· 食用油适量
· 干辣椒段10个

这样做　Production Method

1　将四季豆洗净，掰成手掌宽的长段，沥干水。

2　生姜、大蒜、葱白切成末。

3　猪肉剁成肉末。

4　肉末加黄酒、酱油腌制10分钟。

5　锅内放宽油，高温下入四季豆炸制。

6　待四季豆缩短，且表皮有紧皱时捞出沥油。

7　锅内留少许油，待温度将到七成时，加入肉末炒香酥，水份蒸发七成。

8　将肉末推至锅沿，加入葱、姜、蒜、干辣椒炒香。

9　放碎米芽菜，翻炒均匀入味。

10　投入四季豆。

11　放适量盐、鸡粉、糖，翻炒20秒左右，关火。

12　装盘享用。

椒丝茄片

爱吃茄子，一直以为它是土生土长的中华田园蔬菜，然而不是。它源于印度，于公元4～5世纪传入我国，一开始为圆形，后来逐渐有长条的茄子被培育出来。我没吃过圆形的茄子，对它很有几分好奇，不知口感有何差异。

有时觉得现在的人十分幸运，各种瓜果蔬菜不分季节都能尝到。但似乎也有些惋惜，因为违背了植物生长周期的反季节菜，味道差得多。这或许也是许多人感觉现在的菜吃不出小时候的味道的原因之一吧。

幼时与奶奶生活在乡村，她爱在房前一片空地里种上几垄茄子，旁边还有豇豆、丝瓜之类。与插了支架而攀缘向上英姿勃发的豇豆与丝瓜相比，茄子显得稳重而典雅，还带着一丝浪漫的色调。有时望着那琳琅满目的深紫色，都能感受到一种富贵气息。

那时候，我最喜欢奶奶派我摘茄子的任务。挎着小篮，背对着缓缓升腾的袅袅炊烟，我似乎把所有的欢乐都寄托给了这片滋养我的土地。摘回好几个大茄子，用清甜的井水冲洗干净，与辣椒同蒸，再放盐和蒜泥，那是夏天最美味的下饭菜。偶尔兴致过头，摘得多了，便将它们洗干净，放在冰凉的水缸里改天再吃，它们就那样安静而悠闲地漂浮着，仿佛会一直与时光同在。

茄子有好几种颜色，淡紫、深紫，还有绿色，常吃到前面两种颜色的茄子，颜色深的茄子相对贵些，口感也好一点儿。有一次在异地偶然尝到应季绿茄的细嫩爽口，大老远坐火车旅行，还不忘记到菜市场买点带回家。我体力不佳，加上给朋友捎带的礼物，背在背上十分沉重，然而，我仍然没有舍得扔掉那几斤绿茄，后来肩背疼痛，好长时间才好转。遇到不理解的人会说，如此贪吃而不可取。但一定也有懂得的人，在我眼里，每一种食材都有着自己的生命特质，拥有它却没有让它发挥出自己的价值，如人不得志一样，会让他们怀着惆怅与惋惜。

做茄子的方法多样，最为健康的是蒸熟后拌食。如此一来，不用担心营养被破坏太多，也不怕热烧时茄子吸油过量。然而，偶尔将茄子切成薄片，配上一些青红椒丝、加上大蒜片同炒，调入盐和鸡精，最后浇一些水淀粉烧透，也有极好的味道。茄子一开始吸进去的油也在浇了水淀粉烧透后溢出来，可配汤面。我时常陶醉于这样的味道，像蘑菇一般细滑，鲜香爽口。

要想切过的茄子不变色，切完应及时泡在淡盐水里，炒之前将茄片挤干就成。生活里很多小窍门，都是一次次用心体验的收获。正如每一次做菜，都是在与食物交流，你用心对它，它也会为你奉献所有的美好。

所用料
Materials

- 茄子250克
- 青椒1个
- 红椒1个
- 大蒜3粒
- 花生油4汤匙
- 生姜1小块
- 水淀粉2汤匙
- 盐适量
- 鸡粉1茶匙

1

2

3

这样做　Production Method

1 将茄子洗净，切成薄片，然后放入淡盐水里浸泡。

2 青红椒洗净后切成丝，生姜切成丝，大蒜切成片。

3 准备好水淀粉。

4 热锅放油，油热后，放入蒜片、姜丝炒香。

5 加入青红椒丝炒香。

6 把茄片捞出挤干水后放入锅内翻炒。

7 待茄子回软断生时调入盐。

8 调入鸡精。

9 待锅内水快收干时，倒入水淀粉，铲均匀后烧至透亮浸油，关火即成。

TIPS

小贴士

❶ 油不可过少，这样会导致油全部被茄子吸收，还会使茄子变黑变干，影响口感。

❷ 如果让茄子吸饱了油，炒熟后它会吐出来，锅里多余的油用来拌面也挺香。

❸ 据我多年的实践，所述材料都必不可少，蒜片要多。

金桂飘香

山药，原叫薯蓣，传说因避讳唐代宗李豫和宋英宗赵曙的名字而最终改为此名，也叫土薯、山薯、玉延等。山药一般在四月蔓延生苗，五六月开花成穗，其子实形同雷丸，子实拿来煮食，同山药根一样甘滑。山药叶有三尖，跟川东地区的"苕脚板"很相似。

山药历来有助五脏、强筋骨、补五劳七伤、安神延年等效用。李时珍说用薯蓣做药，以野生为好，而食用以自种为宜。在川内最初吃到的山药，是片状中药，估计也不会是野生的。后来慢慢认识了山药的好处，炖汤的时候也就加上一些。干山药口感干粉，新鲜的口感脆滑。市售山药大致有三种：水山药、牛腿山药以及铁棍山药，其中以铁棍山药营养价值最高。山药跟土豆一样，属于根茎类植物，宜冬季食用，如若发芽，会有毒素产生，最好弃而不食。

山药价值虽高，有些人却避而远之，因为在给山药去皮的时候，常常会发生皮肤红肿瘙痒的过敏症状。在医学上，这叫接触性皮炎，山药皮中所含的皂角素、黏液里含的植物碱，会导致许多人皮肤过敏。要防止过敏，做山药泥时可将其洗净后，直接蒸熟后去皮，非得切块或片，用厚毛巾包裹着削皮也可以有效避免皮肤直接接触。

我母亲喜欢将鲜山药放入鸡汤内炖食，我更偏好配上黑木耳做滑炒山药片，吃起来甘滑可口，有时也蒸熟做成泥，加入点心中食之。还有一种稍微小资的吃法，就是做成山药泥后，浇上蓝莓酱，很酸甜也很柔滑，深得年轻人喜爱。据说有广告商在炎炎夏日拍冰淇淋广告，每次还没拍到主要镜头就融化了，后来有人想到用山药泥代替，以假乱真顺利完成了拍摄。有如此创意的人，还真是生活里的智者。

而今生活中，人工添加剂越来越多，"纯天然"就变得稀有，如果还能加上"养生"二字，就弥足珍贵。山药其实也可以与番茄搭配，比如番茄山药炖牛肉。与蜂蜜也同样能够搭配，《本草纲目》就有讲到，将薯蓣与蜂蜜一起煮熟，可壮阳滋阴。如果不煮食，就蒸后再浇上桂花蜂蜜番茄汁，取清新甘滑回润之口感，在赏心悦目之时，淡淡桂花香在舌尖缠绕，让人回味无穷。

最原始的番茄汁制法，非常简单，就是将番茄在开水中泡3分钟，去皮，然后装入纱布袋中，用力挤出汁水，待挤尽后加入白糖调和。"番茄的营养价值，早已认明者固属不少，然不明其为一种最富滋养的补品，或因口味不适而拒绝享用者亦颇不乏人。"这是民国时期三角牌番茄酱的广告语，足见人们对用番茄来调味的喜爱由来已久。

所用料
Materials

· 铁棍山药200克
· 番茄250克
· 蜂蜜1汤匙
· 干桂花1/2汤匙
· 小白菜1颗

1

2

3

这样做　Production Method

1　将番茄用滚开水烫一烫，撕去皮。

2　切成厚片，入微波炉或蒸锅内蒸熟。

3　取深容器，上面放细密过滤网，把番茄片放在滤网上。

4　用勺子用力按压番茄，使汁水流到容器里。

5　压到只剩下干渣为止。

6　取奶锅，倒入番茄汁。

7　煮开后加入桂花煮20秒关火。

8　调入蜂蜜。

9　洗净铁棍山药的表面泥污，放入微波炉或蒸锅蒸熟。

10　山药去皮，切成稍厚的片，摆在盘中。

11　淋上番茄汁。

12　中间用修饰过且余水的小白菜头装饰即可。

TIPS

小贴士

如果家里厨房用具够多，可以一边蒸铁棍山药，一边做番茄汁。

酿小瓜

南瓜藤是很奇妙的，承受能力和供给能力相当惊人。一根长藤上，往往长满大大小小的南瓜，有的顺藤躺在地面，有的却攀缘在树上，硕大的果实就那样悬在头顶，还真担心它会掉下来。然而，它就那样默默地生长着，等到金黄灿烂，你去摘它下来，它才告别天上宫阙。

南瓜会开很多花，但不是每朵都能结果，结了果顺着花蒂冒出肉身，有的长到拳头大小，干花依然附在上面，这跟黄瓜有些类似。嫩南瓜可切丝炒食，老南瓜做汤、蒸食、红烧都行。至于不老不嫩者，煮稀饭，放少许盐，也是十分魅人的主食。最初自己种的南瓜为大圆盆状，瓤多肉薄，很少见到现在市面上出售的葫芦形。每吃一次老南瓜，都要滤出好些瓜子，淘洗干净，晒干，留种或者炒了当小零食。脆嫩的南瓜尖，是我的最爱。

老南瓜，一般为形状不对称者最为甘甜，有一句俗语叫"歪瓜正果"，吃瓜要吃形状不规则的，选果要端正漂亮的。老南瓜壳硬，在常温下可以储藏很久，从摘收放到新年到来没有问题。大家都知道萝卜皮用来凉拌，爽脆可口。但是南瓜皮的吃法却鲜为人知。将南瓜洗净，选一个干净大盆，把南瓜放进去，用质地较硬的铲，均匀地刮下来，这样的皮，轻薄卷曲，同青尖椒一起在锅中炕干后，略加油盐炒匀，就是一道下饭妙品。

有好些人忌讳把南瓜留到过年，俗语是把"难"瓜留在家里，不吉利。有一年正月，家里人身体都有些不适，我母亲去储藏室收拾东西，发现还有一只大南瓜完完整整地待在那里，她立即抱出去，扔得老远。当然，这就有些迷信了。

也有人爱吃南瓜花，或加了肉酿，或用蛋粉糊炸来吃。除了新鲜的黄花外，各种鲜花我都不敢吃。小时候，金灿灿的黄花一开出来，奶奶就会摘来洗净，与面条同煮，香气逼人。现在才知道，新鲜黄花有毒，但那时候年年都吃上好几回鲜黄花，却好好地活着。其实，能偶尔吃上一回鲜黄花是让人喜悦的，滑嫩鲜香，比起煮久了会发酸的干黄花，味道好多了。

对于酿法，在古代就已盛行，比如鼎鼎大名的"鱼藏剑""老蚌怀珠"等。老百姓吃肉酿较多，像客家酿豆腐是极好味的一道酿菜，还有酿辣椒，爱吃的人不在少数。我觉得最好吃的肉酿辣椒，是十多年前母亲做的，虽然对于吃的情景已经忘却，但那种温馨的感觉如在眼前。母亲的味道，是一种思念的味道，一种柔软的幸福。

所用料
Materials

· 猪后腿肉200克
· 小南瓜2个（800克）
· 水发香菇4朵
· 金华火腿20克
· 生姜1小块
· 香葱1根
· 生粉2茶匙
· 蚝油1/3汤匙
· 盐适量
· 香油1茶匙
· 黄酒2茶匙
· 白胡椒粉1/3茶匙

1

2

3

这样做　Production Method

1 把生姜拍扁切碎，加一点清水，与香葱一起搓成葱姜汁。

2 水发香菇切碎，火腿切细粒。

3 将猪肉剁成肉糜。

4 加入姜葱汁、黄酒、蚝油、香油、白胡椒粉、盐、生粉一起搅拌均匀入味。

5 放香菇和火腿粒。

6 继续搅拌，至均匀入味。

7 小南瓜洗净外皮，用刀切开上半部分。

8 挖掉瓜瓤。

9 南瓜肚子里填入肉馅。

10 盖上上半部分瓜盖。

11 入蒸锅蒸50分钟左右，至熟。

12 揭开瓜盖，上桌享用。

TIPS
小贴士

❶ 没有蚝油，味道清淡，崇尚天然味道者可以不用蚝油。

❷ 肉馅不能放得过满，以免盖不严实。

素炒豆角

豇豆，也叫豆角。我见过两种颜色，绿色和红色。绿豇豆一般用来做菜，而红豇豆用来焖饭比较多。以前家里不叫焖饭，而是kong（三声）饭，方法为掺宽水（即多放水），将米煮至有硬芯的时候沥起来，盛出米汤，在锅里放菜油或猪油，把红豇豆放盐稍炒，再加少量水；搅散刚刚沥出的米，均匀铺在豆角上，加盖焖至米饭熟透。那种没有配菜也能吃上两碗的豪放，也透着一种原始的感动。直到电饭锅代替普通煮饭法时，这样好吃的豆角焖饭就很难吃到了。但是稍逊的一种方法也勉强能满足口福，那就是把饭煮到断生时就盛出来，在炒锅里用油盐炒匀豆角，加点水放在电饭锅底下，再铺上刚刚盛出的饭，加盖焖至豆角熟透，吃时再和匀即可。

用青豇豆焖饭，要选老一些的，才有一种米饭与豆香融合的饱足感。嫩豆角适宜汆水后凉拌，现在很流行用麻酱拌豆角，比起普通的酸辣口味，在造型与口感上，又多了一份雅趣。如果炒制，则以油炸断生最宜，既能保证色泽，炒出来的菜也更加爽利，香脆有型。在稀饭煮至将熟时，放入洗净的豆角段，放些盐，便是盛夏最能强筋壮骨的稻米主食。

嫩豇豆也是做泡菜的首选，将碧绿脆嫩的豆角洗净，稍稍摘去多余的根蒂，再晾干水放入坛中，浸泡三四天就可以捞出来享用。泡豆角，一定要整根豆角泡，根蒂部分最好不要有创口，以免水进入让豆角失去香气而变得干瘪木讷。好的泡豇豆，捞出来后身板还依然硬朗，吃在嘴里会发出脆响。川菜中有一道风靡家庭的碎米肉，以嫩泡豇豆为原料味道最为诱人，香辣脆爽，滋味浑厚却又透着一股青春般的激情，让人食欲大增，胃口大开。如果你准备做这道菜，煮饭时得多添些米，因为它实在是难以抵挡的魅力，像一个八面玲珑的女人，天真爽朗却又风情万种。

另外一道风靡全国的川菜，叫干煸四季豆。四季豆跟豆角完全不同，豆角是风姿绰约的女人，需要温柔呵护它，让它保持珠颜，而后释放最妖娆的美。四季豆是大气稳重的男士，能在历经磨炼之后，还散发出体内的醇香。干煸四季豆就是这样，吃着吃着，你仿佛能看到一个男人成长的步履。

在支杆的托举下，豆角演绎着它的攀缘岁月，在繁华的绿丛中燃烧着青春，越是衰老其皮囊越空，豆粒越大，在油尽灯枯之时，留给下一代繁衍的种子也便成熟，让生命流泻着孤独的壮美。

所用料
Materials

· 长豆角350克
· 洋葱1/5个
· 干辣椒5个
· 大蒜2粒
· 剁椒1汤匙
· 生姜2片
· 食用油适量
· 鸡精1/2茶匙
· 盐适量

这样做　Production Method

1 将豆角洗净，掰成手掌宽长段（也可以刀切），沥干水。

2 干辣椒切成小段，生姜、大蒜切末，洋葱切成细粒。

3 热锅倒入充足的油，油热后将豆角入锅中高温炸制。

4 待豆角回缩，表皮全部起皱时捞出，沥油。

5 锅内少许底油，中小火加入干辣椒、大蒜和生姜炒香。

6 加入洋葱煸掉水份后加入剁椒炒香。

7 放入豆角，加盐翻炒至入味。

8 调入少许鸡精，翻炒均匀即可。

TIPS

小贴士

❶ 豆角要沥干水，以免炸制时热油外溅。

❷ 油尽量多些，这样才能更好地将豆角炸透，炸完的油可以留下来二次使用。

❸ 底油不可过多，能够炒透配料就成。

酸辣土豆丝

所用料
Materials

· 土豆1个（300克）
· 干辣椒6个
· 香葱2根
· 大蒜2粒
· 生姜1小块
· 花椒15粒
· 米醋半汤匙
· 花生油适量
· 盐适量
· 香醋适量
· 鸡精1/3茶匙

TIPS
小贴士

❶ 土豆丝以刀切口感最佳。

❷ 泡时加点米醋，可使土豆丝吃起来很爽脆。

❸ 花椒和葱白要先炒出香味后捞出。

❹ 香料炒完后，放入土豆丝要以大火急炒。

❺ 醋和盐的量根据自己口味调配，最好是先少加点，不够再加。

这样做 Production Method

1　将土豆去皮，洗净切成薄片，再切成丝。

2　用水冲洗几次，然后放清水，加入米醋，把土豆丝浸泡一会儿。

3　香葱洗净，葱白和葱绿分别切成段，生姜、大蒜切成碎粒，干辣椒切成小段。

4　锅内放油，油温热后，改温火，加入花椒粒和葱白炸香后捞出。

5　放入干辣椒炒翻出色。

6　放入生姜、大蒜粒炒香。

7　放入土豆丝。

8　加盐，大火急炒1分钟，调入鸡精（由于后面放醋会使菜变淡一些，所以要稍减咸一点）。

9　调入香醋快速翻炒均匀。

10 加入葱绿炒三五下，关火装盘。

蒜蓉蒸丝瓜

所用料
Materials

· 长丝瓜500克
· 大蒜8粒
· 红菜椒（不辣）1/4个
· 蚝油1汤匙
· 盐适量
· 花生油2汤匙

这样做　Production　Method

1　大蒜切成蒜蓉，红菜椒洗净切成末。

2　锅内放少量油，将一半蒜蓉放入，以中火炒至发黄溢香后，将蒜蓉捞出。

3　取一个容器，将生大蒜蓉、熟大蒜蓉、红菜椒末加蚝油混合均匀，制成蒜蓉调料。

4　丝瓜去皮，切成段，马上用适量盐拌匀。

5　丝瓜装入盘中。

6　蒜蓉调料均匀铺在丝瓜顶部。

7　锅内水开后，将丝瓜放入，大火蒸四五分钟。

8　把刚刚炒蒜的油加热，浇一些在丝瓜上即成。

TIPS

小贴士

❶ 丝瓜不宜蒸太久，否则形状会变化，还会导致营养流失，一般断生即可。

❷ 丝瓜在蒸前已经码过盐，加上蚝油有咸味和鲜味，再放盐需谨慎。

❸ 炒蒜蓉时火不应太大，否则蒜蓉会焦苦。

蒜薹炒肉丝

小时候吃的蒜，只长一个圆形蒜瓣，叫卵蒜，我们称它为独蒜，本土品种。跟两千多年前传入我国、现在普及的大蒜相比，它就娇小得多。浓缩就是精华，跟大蒜相比，它香气更浓郁。

大蒜不骄傲不做作，能进大酒店，也能飞入寻常百姓家，是一味好作料。用油炒过蒜后，再加菜同炒，有特殊的香气。用得较多的是蒜香系列菜，比如蒜蓉炒生菜、蒜蓉炒菜心等。特别是广东的炸蒜油，是烤生蚝不可或缺的调料。我觉得北方人是大蒜的知音，据说很多北方人喜欢吃生蒜头，我身边有几个朋友，吃饺子时，一般会让服务员来几头大蒜蘸了醋吃。我试过小咬一口生蒜，对于本身脆弱的胃来说，是不能承受之辣。然而，很多时候又喜欢生蒜的味道，那就用刀剁细，直接用作凉拌菜，或者捣成蒜泥，煮面条的时候在调料里加上一些。

大蒜的青葱岁月，以叶的形式供人食用，一般取少许蒜苗作香料用。作为配菜，蒜苗常用于炒腊肉和回锅肉。蒜苗不可炒太久，也不宜太短，炒太久，吃起来会木讷；炒太短，一股生辣味，冲劲大。我一般先放茎秆部分炒几下，再放叶，翻炒数秒，就关火。

一般来说，香菜等起了薹，那便是老得行将就木，只有弃而不食了。但大蒜不同，它径自生长，吸收天地日月之精华，又孕育出新生命，即为蒜薹。

蒜薹宜与荤菜搭配，可增香解腻，比如蒜薹炒肉丝，川人炒这道菜，喜欢加点豆瓣酱，咸鲜香辣，实为下饭妙品。推而广之，不用豆瓣酱，将肉丝用调料腌好后，取锅烧油，油热后放姜蒜米炒香，加肉丝滑炒，断生后捞出。用底油炒蒜薹，烹入少许清水，至蒜薹断生时，加入青红椒丝炒匀，放入酱油，加适量盐炒匀，最后放入滑好的肉丝炒均匀，调味即成。蒜薹肉厚，炒时宜烹少许水。也有人喜好将蒜薹过油后再炒，这样味道更浓烈，但其中的营养成分会被破坏不少。

以前在成都时，有次出门逛街，发现一位老人坐在一个商铺旁边卖独蒜，他那破旧的衣衫与周围的环境很不协调。出于我的贪吃，再加上一股莫名的心酸，我一口气买下了大部分。后来把东西寄存，到超市购物，发现一模一样的品种，价格比他卖的低很多。朋友笑我傻，说我同情心泛滥。其实，我只是自私地为自己买个安慰，以盼能抱着这些独蒜过个暖冬。

所用料
Materials

· 瘦肉200克
· 蒜薹200克
· 红椒1个
· 青椒1个
· 大蒜2粒
· 生姜1块
· 盐适量
· 生抽1.5汤匙
· 老抽1茶匙
· 花生油适量
· 生粉1茶匙
· 黄酒2茶匙
· 白糖1/2茶匙

这样做 Production Method

1 将瘦肉切成丝。

2 加入黄酒，滴几滴清水。

3 调入生抽。

4 调入老抽，顺一个方向搅拌，使肉丝吸收水。

5 加入生粉，拌均匀。

6 放2茶匙花生油，拌匀腌制5分钟。

7 生姜、大蒜切成条或末、青红椒切成丝。

8 蒜薹洗净后切成段。

9 热锅放油，油温后放生姜、大蒜末炒香。

10 放入肉丝大火滑炒，断生后捞出净肉。

11 用底油，加蒜薹烹少许清水，炒至蒜薹断生后加入青红椒丝炒匀。

12 调入白糖、生抽。

13 再尝试放点盐。

14 加入滑好的肉丝，翻炒均匀即可。

小贴士

若瘦肉不容易切丝，可以入冰箱冷冻几分钟再切。

蒜油金针菇

永水的金针菇，爽滑香脆，配上蒜油的浑厚，让这道看似清淡的菜，也充满了诱惑。加入胡萝卜丝，营养更均衡，也给视觉上带来冲击。

所用料
Materials

· 金针菇300克
· 胡萝卜150克
· 大蒜3粒
· 香菜3根
· 酱油半汤匙
· 鸡粉1/3茶匙
· 盐适量
· 花生油3汤匙

TIPS
小贴士

喜欢吃辣的朋友，可另外加点小米椒或者辣椒油。

42

这样做 Production Method

1 将金针菇切掉黄色根部以及较老的部分。

2 金针菇撕开，用盐水泡15分钟，然后洗净沥水。

3 胡萝卜切成丝，香菜洗净掰断，大蒜切成末。

4 把金针菇和胡萝卜丝放入开水锅中，余至断生后捞出沥水。

5 炒锅放入花生油，油温后放入大蒜末炒香，蒜末微微泛黄后关火。

6 沥干水的金针菇和胡萝卜丝里放入掰断的香菜，加入酱油。

7 放入1汤匙步骤5的蒜油、盐、鸡粉拌均匀即可。

鱼香杏鲍菇

在我很小的时候，父亲当过蘑菇种植技术员，经常在外地指挥农民种植蘑菇，难得见到他几回。有一回爷爷也跟着种了些白蘑菇，有好几天都在院子里敲干牛粪，屋里臭了好些日子。后来，我们收获了一些蘑菇，大约是收成不太理想，家里再也没有种过。所以，以后吃到的都是山上的野生菌。九月的时候，孩子们都爱往山上跑，那时的九月香（一种特殊菌种，生长于贵州、四川、云南等地，在九月、十月有独特的清香）正好出得旺盛，特别是下过雨后，它们如春笋般四处生出来。野生菌类的颜色越鲜艳，越容易藏毒，尤其是以鲜艳的红色最甚。其实，每每吃时，我都有些提心吊胆，因为因误食毒蘑菇全家中毒而死的事件时有发生。所以在烹煮时，奶奶会加大量的蒜，据说大蒜变色，即表明此菌有毒，一定要弃之不食。

长大后，接触到很多人工菌种，比如平菇、香菇、姬菇等，每种我都钟爱。说到杏鲍菇，我父亲并不会种植，他擅长种白蘑菇和香菇。杏鲍菇是近年来开发栽培成功的集食用、药用、食疗于一体的珍稀食用菌新品种。烹饪杏鲍菇，我一般都爱切丝或者切片与肉类搭配，取其鲜香之味。如果没有鲜笋做鱼香肉丝，用它代替也有很好的味道。后来，我更加偏爱用鱼香味形直接烹它。刚切好的杏鲍菇，质地较硬，因而要用少许盐抓匀腌半个小时，使其变软，然后逐片裹上全蛋淀粉糊或者面粉糊，入宽油锅中炸熟后捞出沥油。最后用锅中的底油，炒香泡椒后，再炒香蒜米，烹入味汁和葱花，放入炸好的菇片炒均匀入味即成。

鱼香味在川菜中占了很重要的位置，也十分考验烹者的水平。因为葱、姜、蒜、糖、醋的比例很难掌控。有人说，考验一家菜的品质，应首先品尝他的鱼香肉丝。我觉得以点代面稍显牵强，鱼香味，追溯其本源，还真与鱼有关系，因为在腌制泡椒时，放入了鲜活的鲫鱼。据说最正宗的鱼香味，仅取此泡椒烧制。中国人生来聪慧，对于吃的钻研程度，恐怕在世界上也是名列前茅吧。各调味料间的配比，都各有心得，有些大厨认为此菜蒜味不可重，否则不出鱼香，而有些厨师则强调要吃出蒜味，幸好大家对于姜的运用比较一致，那就是绝对不要超过蒜的用量。

如果把蚝汁杏鲍菇比作秋天的片片枫叶，杏鲍菇炒肉片比作夏天的落日飞瀑，清汤杏鲍菇比作冬天里的银装素裹，那么鱼香杏鲍菇应算是春天的百花争妍。苏东坡把西湖比作西子，我觉得移用到杏鲍菇上也合适，欲把此菇比西子，浓妆淡抹总相宜。

所用料
Materials

· 杏鲍菇300克
· 泡椒3汤匙
· 姜米1汤匙
· 蒜米3汤匙
· 葱花10汤匙
· 白糖3汤匙
· 保宁醋3汤匙
· 酱油1汤匙
· 生粉1/3汤匙
· 盐少许
· 食用油适量
· 鸡蛋2个
· 面粉适量
· 清水少许

这样做　Production Method

1　杏鲍菇切稍厚的片。

2　加少许盐抓匀，腌半个小时，使其变软。

3　蒜米、姜米、葱花准备好。

4　剁碎的泡椒准备好。

5　取1/6茶匙盐和3汤匙白糖。

6　加入3汤匙醋。

7　调入1汤匙酱油。

8　放1/3汤匙生粉，充分搅匀，尽量使糖与酱油、醋相融。

9　取鸡蛋加少许清水，打散，再加入面粉搅匀成面粉糊。

10　取杏鲍菇片，均匀蘸上粉糊。

11　锅内放宽油，油六成热时，改中火，将蘸上粉糊的菇片
　　入油锅中炸至金黄熟透后捞出滤油。

12　锅内留底油，放入泡椒炒香。

13　加入姜、蒜米炒香。

14　烹入调好的糖醋味汁。

15　加入葱花快速炒均匀。

16　放入炸好的杏鲍菇，使其均匀沾上味汁，关火。

TIPS

小贴士

❶ 如果喜欢脆脆的口感，可用淀粉糊。

❷ 泡椒有咸味，味汁里放了酱油，另外杏鲍菇也用少许盐腌过，最好尝下炸好的杏鲍菇再决定味汁里放多少盐。

杂蔬黄瓜桶

亚当斯说："吃肉是对动物最具压迫性、最广泛的制度化暴力。"很多教派都崇尚素食主义。我国的佛教也提倡素食，有许多信徒严守忌荤腥的规定。近些年来，还有科学家提出，食肉致癌，而素食可以防癌，这还有待更多地考证。

无论怎样，过量食用肉类，对于身体健康都有不利的影响。严格素食者，拒绝一切动物食品，也不从事杀生的工作，一般从豆制品和蔬果中摄取身体所需要的营养。"素"字，本义就有白色和质朴的意思，也指与荤食相反的蔬菜、瓜果类食物。食素能淡化人的一些欲望，欲望越少，思想越单纯，也为健康奠定一定基础，因此有人认为吃素利于长寿。

素菜有宫廷素菜、寺院素菜和民间素菜之分。乾隆皇帝很爱吃肉，几乎每餐都见肉，但是他感觉自己的身体每况愈下，担心问题出在大量食肉上，因而不想吃到肉，却想闻得见肉香，于是叫御厨们研制这种菜。诸多大厨亲自操刀，费尽心思，却不如意。最后，有一个姓张的厨师研制出一道以豆腐、魔芋等为原材料的菜，让乾隆龙颜大悦。从此，仿荤菜得以发扬光大。

将素食艺术化，是许多斋食馆的独到之处，他们往往会利用食材本身的特性，让你在味觉或者视觉上，享受到与一些荤菜酷似的感觉。对于精致素食的制作而言，一定要摒弃那种断生即食的敷衍心态，无论是在造型还是在搭配上都得花心思，如此才能勾起人们的食欲，这不仅是视觉上的享受，也是一剂抚慰心灵的良药。

进入秋冬之后，气候相对干燥，我们的身体也需要大量水和维生素，喝水，吃水果，这是最直接的一种途径，多食用一些富含维生素的素食，也就成为一种很好的补给方式。用胡萝卜、青豆以及玉米搭配，色彩缤纷绚烂，而且营养丰富，再配上爽脆的榨菜，可谓别有一番风味，于平淡中见新奇。闲来没事，用一些香草提味，或者用黄瓜做成小桶当装饰，便会使一盘再普通不过的小菜，变得高雅起来。无论外面的世界如何萧瑟，在这盘菜里，都有一份珍贵的灵动，让你更多地想到一些美好的事情。

我不是绝对提倡素食，如果不是怯于生死轮回、因果报应，有荤食的欲望也是可以理解的。另外，有科学家研究发现，植物其实也有生命，每当它们感到要被毁坏或者砍伐的工具逼近时，身体就会颤动。这些，你发现了吗？

所用料
Materials

· 涪陵榨菜100克
· 鲜玉米粒150克
· 胡萝卜150克
· 青豆150克
· 黄瓜1根
· 大蒜2粒
· 生姜1小块
· 盐适量
· 高汤适量
· 鸡粉1茶匙
· 芝麻香油半汤匙
· 食用油适量

这样做　Production Method

1　将黄瓜段中间掏空，做成桶状，用牙签固定住备用。

2　将榨菜切成丁，大蒜和生姜切成末。

3　把胡萝卜切成丁。

4　炒锅内放适量食用油，油热后将生姜、大蒜末放入炒香。

5　加入胡萝卜丁和玉米粒、青豆翻炒均匀。

6　加入适量盐调好味，倒入没住食材一半的高汤或开水翻炒均匀。

7　待锅内汁水收干时加入榨菜丁、鸡粉炒匀。

8　起锅前淋入芝麻油，关火装入黄瓜桶和盘中即可。

紫苏煎黄瓜

故乡的黄瓜黄里带白，成熟后较为短粗，形态颇有小猪仔的憨态，也叫猪儿黄瓜。猪儿黄瓜挨着蒂的部分，往往较为苦涩，整个吃时从顶端开始下口。香脆而且汁水丰富的猪儿黄瓜表面会有一些细刺，小心地洗净后，佐以白糖生拌，在酷暑里吃上一口，沁人心脾。等到它表面越来越光滑，还长出斑纹，皮就开始变厚，用来炒食更合适。

每次听人说猪儿黄瓜，我就会联想到猪儿虫。那是一种肥滚滚、黄绿色的软体动物，常常附在红薯藤或者叶子上，等你摘红薯叶的时候，一不留神触摸到，冷冷软软，立即起一身鸡皮疙瘩。

我还记得幼时在放学路上，有调皮的男同学，去邻居的园子里偷摘黄瓜的情景。农村人无暇常守着菜园子，同学们小心翼翼地钻进去，专门挑那些很嫩还有些弯的黄瓜，得手之后又风一般冲出园子，每人手里拿着一个战利品，发出天真的憨笑。也不是每次都能得逞，被人骂出园子的事情也时有发生。以前总觉得这些男孩子品行不好，但直到现在为止，他们依然是老实的守法公民。这些行为在他们的童年中，算是满足好奇心的一种方式，也是一种天真的乐趣，跟现在只知道读书，连黄瓜是以什么方式成长都全然不知的孩子相比，我们那时的艰辛，也有着回忆的幸福。

现今市场的黄瓜，无论老嫩多为青绿色，叫青瓜很形象。有人把装嫩的女人说做是"老黄瓜刷绿漆"，真有些妙趣。青瓜生食，蒜蓉拍黄瓜、麻酱黄瓜，用干椒热油淋上去的油淋黄瓜都好吃。川菜里，有一道凉菜叫川椒炝黄瓜，除了黄瓜要去子外，还特别讲究火候的拿捏，对于原料花椒的醇香纯麻也要求很高，以大红袍为佳。有人为了减肥美容，喜欢原味黄瓜，也有人把黄瓜榨成汁水来喝。偶尔举着一根洗净的黄瓜直接啃食，也颇显自然和豪放之气。

中国人好吃，往往花很多时间在研究吃上，想了法儿地利用各种方法和调料，把菜烹饪得更美味。紫苏煎黄瓜在湘菜馆偶见。紫苏的香味渗进煎过后极易入味的黄瓜片里，使黄瓜在清香之余，又添加了一份闲云野鹤的妙趣。夏日胃口不好，就着白粥，告别审美疲劳的拌黄瓜，紫苏煎黄瓜就能发挥出独特的魅力了。

煎黄瓜有人喜欢两面金黄，再加颜色较重的酱油。我则喜欢煎断生就罢休，保留黄瓜的碧绿色泽和香脆口感。人各有爱，大致步骤都是煎，至于煎到何种程度，就要凭君喜好了。

所用料
Materials

· 黄瓜400克
· 紫苏半把
· 小米椒2个
· 大蒜2粒
· 酱油半汤匙
· 盐适量
· 食用油适量

这样做　Production Method

1　把黄瓜切成片，并用适量盐抓匀。
2　将紫苏洗净，切成短节，大蒜切成米，小米椒洗净切成节。
3　把黄瓜在平底锅两面煎断生后盛出。
4　炒锅放油，将小米椒和大蒜末炒香。
5　加入紫苏，炒均匀。
6　投入黄瓜，滴入酱油，炒匀入味，即可。

TIPS

小贴士

❶ 在煎黄瓜前将黄瓜腌入适量盐，可很好地避免黄瓜变色，也可使黄瓜更入味。

❷ 喜欢重色和口感软糯的，可将黄瓜煎黄，加酱油。

PART

无肉不欢

茶树菇烧肉

　　茶树菇加香料，与五花肉一同烧制，融进了肉汁，口感更加柔滑。而五花肉经过慢炖，又被茶树菇吸走一部分油脂，也是入口即化，肥而不腻，香味独特。

这样做　Production　Method

1　将茶树菇泡1小时后，水中加盐充分清洗干净。

2　将生姜切成厚片。

3　起净锅，将锅烧干，以中火将五花肉的皮烙黄。

4　把五花肉的皮用刀刮洗干净后切成方块。

5　炒锅放花生油，中小火，油热后把红糖放入炒化。

6　放入五花肉，中火炒出油后，烹入黄酒炒过，再加
　　入生姜、八角、大蒜粒、小茴香、干辣椒炒香。

7　调入酱油、蚝油、翻炒均匀。

8　往锅里放入能没住五花肉的开水。

9　将食材全部移至砂锅，大火烧开3分钟后，转小火加
　　盖焖烧一个半小时。

10 加入茶树菇，调入适量盐，一起焖烧半小时，中途
　　翻动均匀。

11 将青蒜苗洗净后切成段。

12 以大火将砂锅内水收干，调入草菇老抽翻动均匀，
　　再放入青蒜苗翻动均匀，关火。

所用料
Materials

· 五花肉350克
· 茶树菇100克
· 青蒜苗1根
· 生姜1块
· 大蒜6粒
· 干辣椒3个
· 小茴香1/2汤匙
· 八角1粒（大）
· 红糖1汤匙（平）
· 黄酒2茶匙
· 花生油2汤匙
· 蚝油2汤匙
· 酱油2汤匙
· 草菇老抽1茶匙
· 盐适量

TIPS

小贴士

茶树菇提前用水泡制时间稍长些，既可以减少烧
制时间，也可以更好地去除泥沙。

葱油鸡

市售的普通香葱，对于生长环境没有太高要求，既能享受良田千亩，也能安居方寸之地。因此，你常常会在田边地角见到几根香葱，绿油油地簇拥着生长，十分旺盛，虽然跟周边肥胖的大白菜体型相比，显得相对纤弱，却也青春焕发。

随着居住环境的改变，近年来流行起阳台植物园，除了种植花草之外，有很多人也种蔬菜，辣椒、茄子、番茄等，都是人们喜欢的品种。当然，可别忘记了香葱，它可以盆栽，方便你随时取用，也能成为一道不错的小风景。在晨雾中，凑近那一丛翠绿，闭目凝神，感受四处氤氲的香气，让你误以为进入了乡野，与大自然正亲密接触。

人一生的情怀，往往受前半生的牵引，回忆里的美好，很多时候偏向于某些特定的事物。有时候，会有一种味道，已经消逝在时间的轨道上，却让你一生牵绊。正如野葱，混合着油盐而散发出的芳香，仿佛萦绕着你的感觉器官，让人沉迷良久。

野葱，也叫麦葱，一般长在野外，叶细长，香气浓，小圆头，跟川东的团葱有点形似。川东人一般用团葱做豆瓣酱，在豆瓣酱里腌熟的团葱头，配上白米饭，十分开胃下饭。有一种葱外面包着一层红皮，长得较壮，吃起来冲劲很大，被称为火葱。小分葱茎白而细，香气浓郁柔和，难得买到。出现最多的是普通的香葱，各地皆有，不足为奇。叶子方扁、葱头较大的是尾巴葱，也就是大家称的葱头。尾巴葱一般不食叶，只取其葱头，用来做开胃腌菜，然而拍破凉拌，或者用来炒腊肉，才能识得它的真滋味。

至于大葱，川东人一般用得极少。但是用大葱做葱油，香浓却不冲辣，也不用担心火候掌握不当，而使葱油发苦。豉油配上花生油制的葱油，会让成菜清香入脾，回味绵长。

做葱油鸡，各地习惯和口味有差别。除了大葱和香葱的运用外，广东人还喜欢用红葱头或者小洋葱来制成葱油，加上酱油或者生抽淋在煮熟的鸡肉上。红葱头，也叫朱葱，据说在泰国料理中，它也被当作不可或缺的增加香气的食材之一。

葱不像韭菜，可以割了一茬又一茬，一般都是连根拔起，正如我们那些一去不复返的青葱岁月，只能用另一种成熟与成长来代替。即使再高超的整容手术，也无法让时光倒流，即使你能以同样的年轻容貌面对多年前的老照片，当初细腻的情感也被打磨得走了样，仔仔细细地打量，一切都恍若隔世。

所用料
Materials

· 生鸡半只
· 八角2粒
· 花椒15粒
· 生姜1块
· 黄酒1/2汤匙
· 大葱半根
· 香葱5根
· 蒸鱼豉油3汤匙
· 花生油3汤匙

这样做 Production Method

1 将鸡肉里外充分洗净。

2 生姜拍破，用3根葱打成结。

3 把大葱切段对剖，香葱切成段，一点葱叶切成花。

4 在深锅内烧宽水，加入生姜、葱、花椒煮开后放入鸡。

5 加入一点黄酒，大火再次烧开后，打出表面的浮沫，以保持沸腾状态的小火煮10分钟（中间翻面）。

6 关火，加盖子焖10分钟后捞出。

7 将鸡剁成横条，按原样码放。

8 热锅温花生油，以中小火把大葱煎出香味后捞出。

9 倒入蒸鱼豉油，熬1分钟后关火，做成味汁。

10 将味汁充分搅匀后，趁热淋在鸡块上，撒上一点儿葱花，即成。

TIPS

小贴士

❶ 葱油也可以只用大葱或者香葱煎。

❷ 也可以直接把蒸鱼豉油淋在切好的鸡上，再浇葱油，根据口味增减豉油量。

❸ 此菜热吃为宜。

脆皮卤香乳鸽

鸽子以家养居多，也有野鸽，却不常见。鸽子象征和平，最初来源于圣经故事，和平鸽的雏形由法国画家毕加索所创造，是一位老人为了纪念惨遭法西斯杀害的养鸽子的孙子而邀请他画的。直到1950年，鸽子被公认为和平的象征。

常见到古装影视剧里有鸽子送信的场景，让人误以为所有的鸽子都会送信。其实鸽子跟人一样，其智商也有高低之分。但不可否认的一点是，鸽子恋家，这是除了磁场的因素外，它能送信的另一个重要原因。

《本草纲目》里介绍，鸽子肉味咸、性平、无毒，能调精益气，炒熟后酒服，可辅治白癜风等症。老鸽子，一般用来炖汤，是滋补的佳品。也有人喜欢把鸽子肉剁碎，加青椒、花椒等调料炒食。对于乳鸽的吃法，在南方种类很多，也十分流行。

乳鸽是指一月龄内的雏鸽，肉厚而嫩，滋养作用较强，滋味鲜美，且富含粗蛋白质、少量无机盐等营养成分，但也不宜多食。小梅沙有吃乳鸽的店，我觉得味道相当一般，吃乳鸽的好去处，还应数光明农场。三十元左右一只烧乳鸽，肉质细嫩，香味十足，可以满足一个人的口福。入秋食用，味道绝佳。

《礼记·内则》记载一种烹饪猪羊的方法，就是在炮制过之后，用稻米粉涂满全身，置于油锅里煎炸，再用小鼎装起来，置入大鼎中隔滚水烧三天三夜，佐以醋和肉酱而食。炮，是指将猪羊宰杀后，去除内脏，里面填进枣，以簟席包裹起来，再涂上草泥，在火中烧，有些类似于《射雕英雄传》里洪七公爱吃的叫花鸡的做法。

以稻米粉涂抹肉块，再经过煎炸，用此法做乳鸽，效果也甚好。首先，把桂皮、八角、香叶、草果、小茴香、生姜等香料添入卤汁中，将洗净的乳鸽放入，再倒些黄酒卤熟，晾干。备好糯米粉，调入一些椒盐，拌匀，加少许水做成米糊后，均匀涂在乳鸽身上，入宽油锅中炸至金黄捞出即可。趁热吃表皮香脆，卤香味浓。用成品的糯米粉代替使用，也能有香脆的效果。整个步骤，除了在炸制时，要注意火候以外，基本上算得是零难度就能演绎一道"大菜"。

鸽子肉虽然有营养，家里却很少食之，不管它是否象征和平，看到它总会萌生一种最原始的慈悲。有一年冬天，家里飞来一只受伤的灰鸽，弟弟将它那只骨折的腿包扎好，在屋里养了几天。它能飞动时，我们放飞了它，后来它时常会飞回到我们的屋顶停留片刻，似人一般怀着感恩。

所用料
Materials

- 乳鸽1只
- 李锦记卤水汁400毫升
- 李锦记草菇老抽6汤匙
- 八角2粒
- 草果2粒
- 桂皮1个
- 小茴香半汤匙
- 香叶3片
- 黄酒2汤匙
- 生姜1块
- 椒盐2茶匙
- 糯米粉3汤匙
- 食用油适量

这样做　Production Method

1　准备400毫升的卤水汁。

2　兑上800毫升水。

3　用隔渣袋放上洗净的生姜、八角、草果、香叶、桂皮、小茴香。

4　将宰杀好的乳鸽除去内脏，里外彻底洗净。

5　把调好的卤水汁倒入煮锅内，放上香料袋以及乳鸽。

6　倒入黄酒后加盖煮开后，以中小火煮1小时，中途翻动，以保证均匀入味。

7　准备好糯米粉，加入椒盐拌匀。

8　加少许水，调成米糊。

9　将卤好的乳鸽晾干水。

10　把米糊均匀抹在乳鸽身上。

11　锅内倒宽油，油热后将乳鸽全身炸制金黄后捞出。

12　底下放上滤油纸或洗净的蔬菜，摆盘后趁热享用。

TIPS

小贴士

❶ 米糊不能调得太稀，否则挂不住。

❷ 乳鸽炸制时，要控制好火候，不要炸焦。

干锅肥肠

据《食疗本草》上说，猪肠主治体虚口渴，小便频多，能补益虚竭的下焦。按古医理论，我们身边的每一种食材几乎都有食疗价值。倘若利用得恰当，对身体的保健还是颇有益的。

我独爱肥肠，以前觉得在家烹饪太过烦琐，进小吃店，无论面条还是米线，多数点肥肠臊子。川人对于肥肠应该算是比较青睐，面店必有肥肠面，砂锅米线店必有肥肠米线，菜馆里也有辣子肥肠、火爆肥肠等菜品。以前农村杀年猪，杀猪匠人将热乎乎的鲜大肠大致去除异物后，便交与主人进一步加工处理。将清洗干净的肥肠切成段，加入泡椒生姜、蒸肉米粉等调料，放入坛子里密封腌制一个星期左右，再取出蒸熟，此菜叫酸醡肥肠，酸辣开胃，软糯厚重，是川东地区较有特色的一道传统乡土菜。

肥肠好吃，处理麻烦，有洁癖之人是断然不能接受的。幸而市面所售大肠无论生熟，都经过一定处理，买回来的肠，生则加入醋和面粉里外搓洗，再用清水里外清洗，熟的直接用面粉搓洗，再清洗，进一步加生姜、白酒、八角、桂皮等香料卤煮去除异味。据说用淘米水清洗也有很好的效果。

猪肠有肠头、大肠和小肠之分，各部位口感不一样，做法也不同。其中以小肠最难烹饪，不是个中高手，做出的菜会略带苦味。我还是偏好大肠，卤煮时间长，可以做到厚重软糯，时间刚好，有弹牙的口感。我听闻有一种肥肠做法，叫猪血肠，大概是将煮凝固的鲜猪血加调料灌进大肠，然后煮制或烟熏，味道很好。可惜两样我都没有尝过。

如今，人们越来越重视养生，动物内脏含大量胆固醇，很多人都避而远之，然而偶尔吃吃这些，可以很好地调节胃口。进入深冬，天寒地冻，肥肠带有脂肪，很容易在冷空气里凝结，影响口感。将肥肠加香料和白酒卤煮好，再用大蒜、洋葱、辣椒、郫县豆瓣酱和老干妈豆豉炒香，取肥肠段炒匀，调少许鸡精和蒜苗快炒即可盛入干锅内，微火加热保温，就着米饭，也有神仙般的美意。

所用料
Materials

· 半熟肥肠250克
· 洋葱100克
· 红椒4根
· 青蒜苗2根
· 去皮大蒜5粒
· 姜片少许
· 花椒1/2汤匙
· 干辣椒2个
· 香叶3片
· 八角2粒
· 桂皮1块
· 郫县豆瓣酱1汤匙
· 白酒1汤匙
· 老干妈豆豉1汤匙
· 酱油1汤匙
· 蚝油1汤匙
· 鸡精1/2茶匙
· 植物油适量
· 面粉3汤匙
· 高汤少许

这样做 Production Method

1 在肥肠里加面粉，里外搓洗干净。

2 花椒、八角、干辣椒、桂皮、香叶用凉水泡20分钟。

3 将肥肠切成段。

4 锅内入少许油，将肥肠段入锅中，炒干水。

5 加入泡好的香料炒香。

6 调入酱油、蚝油、白酒炒匀。

7 注一点高汤或清水。

8 将锅内所有食材移至高压锅内，按肉类排骨键，到时将肥肠段单独捞出。

9 洋葱切成块，红椒洗净切块，青蒜苗洗净切成长段。

10 将郫县豆瓣酱剁碎。

11 锅内放少许油，将大蒜煎黄出香。

12 加郫县豆瓣酱炒香后，再放老干妈豆豉。

13 放入洋葱和红椒炒香。

14 加入肥肠炒均匀。

15 调入少许魔厨高汤炒匀。

16 放入青蒜苗推匀后置入干锅，即成。

TIPS

小贴士

❶ 洗肥肠的里面时，可将其一头套在拇指上，一边顶，另一只手一边往外拉。

❷ 如果用普通高压锅，上气后转小火煨15～20分钟左右。

❸ 干锅底坐最好用微火，如果锅内有烧干的迹象，可把煮肥肠剩下的卤汁从锅沿浇下少许。

干锅羊排

清代美食家袁枚对于羊肉是极为推崇的，在他的《随园食单》里，就有全羊宴的记载。"美"字有羊，"鲜"字有羊，"祥"字有羊，羊在古人心中的地位可想而知。羊肉味膻，为普通非草原地带之人所不能拿捏，然而对于高明厨师来讲，爆、焖、炖、涮、烤，样样得当，膻味不存。

对于切羊肉，历来有"横切牛羊，竖切鸡，斜切猪"的说法，烹制上讲究做猪肉不放花椒，做羊肉不放大料，这点除业内人士，外行人鲜有知晓。即使我有幸知道，却也在煮羊肉时免不了对大料的依赖，明知故犯，就像有一些坏毛病，很难改掉。

川东人吃羊肉较少，近些年来此类餐馆慢慢多起来，但老百姓仍然对鸡鸭鱼肉最感兴趣。据说有家烤全羊店生意相当火爆，一顿饭吃下来几千块钱，非一般老百姓能够承受。幸而有一种平民消费的羊肉吃法，那得到大竹县或者指定的乡下馆子，吃"羊肉格格［川话读 gie(二声)，普通话里没有这个音标］"。羊肉格格是一种类似粉蒸肉的蒸菜，用极小的蒸笼一格一格蒸好，蒸好后在上面撒大量的辣椒粉和香菜，清晨点一小碗面条，再来一份羊肉格格，香辣过瘾，立即唤醒还没完全苏醒的身体细胞。

2010年，我在成都西吃了一回简阳羊肉汤，使自己摒弃了怕膻的拘束，那种大口喝汤，以羊肉蘸食干辣椒粉的豪放吃法，顿感温暖从舌尖开始遍布全身。隔几日又去吃了一回，兴致却败了几分：锅里滚滚白汤，喝起来不仅寡淡没有回味，而且有一股药材的回苦残留在舌尖，只好加了香菜，以作挽救，却也失去了羊肉汤的本真。再则，那一份羊血，吃在嘴里有种坛瓮之气，多半为头天剩品。

话说回来，尽管第二次的兴致少了几分，但是头一回那锅羊肉汤本身的鲜而不腻、柔滑细腻，以及让口腔暖融融的感觉久久不能消去。在寒冷冬天里，平白又多了些幸福的理由，因为吃饱穿暖是为基本的幸福。那羊肉汤因为本身所具有的温中暖下、补益气血、强健机体的功效，在潜意识里就营造出锦上添花之感。遗憾的是，近来有新闻说，此种羊肉吃法，添加了诸多对身体有害的成分，许多人也只有远距离看着一锅锅滚开的羊肉汤望"羊"兴叹了。

无论哪种吃法，吃羊肉都忌过饱，因为羊肉生时易折称，而熟后易长量，过食易损脾胃。对于有陈年顽疾之人，还应避讳几分。对于发物之说，有时候，宁可信其有，不可信其无，如果因为自己喜好而伤了身体，又哪有口福消受其他美味呢。

所用料
Materials

· 羊排骨350克
· 莴笋400克
· 青椒3个
· 红椒3个
· 生姜1块
· 大蒜6粒
· 小茴香1/3汤匙
· 大葱1段
· 八角1粒
· 香砂仁1粒
· 干辣椒5个
· 花椒1/3汤匙
· 酱油1汤匙
· 黄酒2汤匙
· 食用油适量
· 香辣酱1汤匙
· 盐适量
· 孜然粉2茶匙
· 鸡粉1/3茶匙

 1
 2
 3

这样做 Production Method

1　青红椒洗净切成段，生姜切稍厚的片。

2　锅内放开水，放入羊排氽水2分钟后捞出。

3　净锅放少许植物油，油温后加入姜葱、干辣椒、花椒、香砂仁小火炒香。

4　加入羊排，注入没住羊排的清水或高汤。

5　调入黄酒、酱油。

6　放入小茴香烧开后，以小火加盖煨30分钟至排骨熟透，然后单独取出排骨，剩余的汁水用细过滤网滤掉渣待用。

7　莴笋去皮洗净，切成块。

8　净热锅里放少许油，将大蒜炒至泛黄溢香。

9　加入青红椒段和香辣椒酱炒香。

10　放入羊排、滤掉渣的汁水以及莴笋块。

11　调入适量盐和孜然粉炒匀，略烧1~2分钟。

12　调入鸡精炒匀关火，起锅装入干锅里，吃时用微火保温即成。

TIPS

小贴士

❶ 若要省时，可将羊排入高压锅卤煮，再炒。

❷ 没有香砂仁，可用草果代替。喜欢羊肉味重者，可以不放八角。

❸ 怕麻烦的话，可以不用滤渣，但是里面碎料太多，影响品相。

红烧牛腩

牛肉，营养较高，但选材不妙，处理不好，就容易老，味同嚼蜡。几年前，我看过一本菜谱，上面有道川式牛排，就照着做了一回，裹了鸡蛋淀粉及面包渣入锅煎，再调川式味汁。结果牛肉缩成一团，颇有雷打不动的气势，白白糟践了那块牛肉。自此我对于自己煎牛排就有了阴影，实在想吃，就去西餐厅点上一份。

一到秋冬，家里来了客人，母亲便会红烧牛腩。以前一直都是和白萝卜一起清炖。但家人都偏好辣味，她就去向厨师讨教，得到了家庭香辣烧牛腩方法。先用香料将牛腩煨香软入味，盛出后再以原汤烧萝卜，这样萝卜吸收了牛腩香，却不会冲淡牛腩的香味。

上天真是待我们不薄，赐予我们萝卜这种好食材，生吃可作药，熟食可当菜。它与肉结合，能吸收肉味精华，丰富口感。遇辣味烧肉，得香辣，碰上清炖牛羊狗肉，呈醇香。故乡的本地萝卜为圆形，嫩时不用削皮，洗净就可直接烧菜，食之清甜细嫩。待到表皮内层起网，吃起来就硬而微苦，败人兴致。所以，嫩萝卜一上市，家里就会买上好些，用来烧牛肉，炖排骨，一饱口福。

特别会吃牛肉的人，一块牛肉是出自牛的哪个部位都能吃得出来，而且每个部位的牛肉都严格按照最佳烹饪方式来处理。对于一般人来讲，除了区别十分明显的牛肋骨和牛腩，其他的都懵懵懂懂地统称为牛肉，偶尔也能吃出老嫩的区别，然而做牛肉的方法却相对简单得多。

不知怎的，我时常想起年幼时奶奶养的那头黄牛。它的身世跟普通黄牛比起来，有着电影般的传奇色彩。刚刚来到世上二十天，牛妈妈就因误食别人喷了农药的毒草身亡。没有牛妈妈的奶水，我奶奶就上街买回奶粉，加上自己做的米糊喂养它。渐渐地，它同我奶奶建立了非常深厚的感情，碰上我奶奶赶集的日子，它像依赖母亲的小孩一样，追赶我奶奶，待我奶奶的身影不见多时，它还会"哞——哞——"那样伤心地叫唤着，让邻里都听着心里一阵酸楚。

父亲从不吃牛肉，说是吃了会做噩梦，这一生，我真没有见过他吃过一回。我想，他怕做噩梦是假，对于这种勤劳牺畜的怜悯是真。每当我们吃牛肉后，他就会泡上一壶清茶，放在屋外的茶桌上，让我们漱口清胃。我们坐在老槐树底下，闲谈着与牛无关的事情，偶尔有风吹落几片叶子，不知不觉，秋天渐渐深了。

所用料
Materials

- 牛腩300克
- 白萝卜500克
- 生姜1大块
- 大蒜3粒
- 香菜3根
- 原味干山楂4个
- 食用油3汤匙
- 小天鹅火锅底料80克
- 干辣椒5个
- 花椒20粒
- 八角2粒
- 鸡粉1茶匙
- 味极鲜酱油1汤匙
- 白糖1茶匙
- 白酒1汤匙
- 盐适量

这样做　Production Method

1　将牛腩洗净切成块。

2　生姜拍破。

3　将牛腩放入滚水中汆水，去浮沫。

4　炒锅放油，油热后，中小火加入火锅底料炒香。

5　放入花椒、八角、生姜、大蒜、干辣椒炒香。

6　锅内注入能没过牛腩的开水，加入酱油、白酒、牛腩煮沸。

7　加入酱油、鸡粉、白糖以及山楂拌匀。

8　将锅内汤水及食材全数移入砂锅内，大火煮开后，盖上盖以小火炖2小时至牛腩软烂。

9　将白萝卜去皮切成块。

10　放萝卜，再加没过萝卜的开水，调适量盐拌匀，煮至熟透后关火。

11　将香菜洗净切成段。

12　将萝卜放在碗底，上面盖上牛腩，再浇上汤汁，撒上香菜即可。

TIPS
小贴士

❶ 加入山楂的目的是使牛腩更容易软烂，也可以不放。

❷ 建议用高压锅炖牛腩，更省时。

黄豆焖猪手

据《本草纲目》里说，猪肉苦，寒，有小毒，恐怕会让以吃猪肉为主荤的人有点惊讶。猪肉算是汉族老百姓餐桌上最常见的肉类，看到此说法，多少会让人受到一些打击。担心归担心，肉还是要吃的，蒸炒烧炸，样样齐备，吃完之后也就忘却了还有哪位德高望重的人留下什么指导性意见。

而今，吃过猪肉的人比比皆是，但见过猪跑的却少之又少了。按中医上讲，猪手对壮筋骨、填肾精有很大的效果。依照以形补形的原理，谁遇上腿脚跌打损伤，家里人一般会煮些猪手汤用来滋补。也常见一些人用猪手为妇人下乳，但效果因人而异，正如《金婚》里的庄嫂，数只猪手入肚，也不见奶水，最后还是吃了炖王八才见了效果。倘若肝胆、血管、血压没有问题，常吃些猪手会让皮肤光滑有弹性，又见《本草纲目》上讲，猪手做汤可解百药毒，比起猪肉来，让人更加喜欢。

鲜猪手做卤菜，在川内较为盛行。我和弟弟都认为，三叔烹的卤猪手，最为美味，再配上加了辣椒油、葱花及一些香料的酱汁，极为过瘾。在常德，有一家以吃猪手出名的店，叫黄金台，每个卤猪手都不大，吃起来软滑香糯，很多时候都门庭若市。

佐以黄豆焖猪手是家里常用的一种方法，黄豆的植物蛋白与猪手的动物蛋白互补，十分养人。汆水，是很重要的一步，而且得将猪手表皮刮洗干净，对于除异味有很大效果。然后用温油小火将冰糖、八角、桂皮、香叶、姜蒜、干辣椒炒至料香糖化。冰糖可以很好地提亮成菜色泽，但是成菜略为带甜味，不喜好甜味可用老抽替代冰糖。若是不好把握火候，可以先将冰糖炒化再放香料炒香，而后放猪手，烹些黄酒翻炒，然后加酱油、开水或高汤烧开，移至砂锅加入水发黄豆复开后，以小火焖熟透。酱油量足，不需要放盐，不足则需快熟时放适量盐入味。要想便捷，可用高压锅来做，其味却不如小火慢焖来得醇厚绵长。

川东人无论吃带皮的猪肉还是猪手，必先用明火烧黄，刮洗干净后再进一步烹饪。这点在南方极为鲜见，如若遇上，也多半非本地人。也不知是否是杀猪拔毛的技术欠佳，这里卖肉的档主，旁边随时备有一把锋利的刮刀，客人买肉看到大量残毛留存时，他们三两下将其刮得一干二净，然而毛之根部还深深地嵌在肉里。倘若是白猪，皮毛一色，不易察觉，换作黑毛猪，点点黑头看着实在有些可怖，不如自己回家用个小夹子根根拔出，也可吃得舒心。

所用料
Materials

· 猪手1只（600克）
· 黄豆半饭碗
· 干辣椒3个
· 大蒜5粒
· 桂皮1个
· 八角2粒
· 生姜1块
· 香叶2片
· 冰糖4粒
· 黄酒1汤匙
· 鲜味酱油4汤匙
· 盐适量
· 白醋1汤匙
· 花生油少许

这样做　Production Method

1 将干黄豆泡发4小时以上。

2 将斩好的猪手入锅里氽水后捞出。

3 用小刀将猪手表皮逐一刮洗干净。

4 干辣椒切成段，生姜切厚片，大蒜、香叶、八角、冰糖、桂皮准备好。

5 炒锅内放油，油温后将冰糖、姜蒜、桂皮、八角、香叶、辣椒段以小火炒至料香糖化。

6 放入猪手，加入黄酒翻炒。

7 调入鲜味酱油翻炒均匀。

8 往锅内注入没住猪手的开水或高汤烧开。

9 将全部食材移至砂锅。

10 加入黄豆搅匀，大火烧开。

11 盖上盖，以小火焖烧。

12 汁水快收干时，视情况看是否调盐，然后继续加盖焖至猪手收汁熟透。

酱猪手

如今提倡素食，既养身又环保。我却天生是个食肉动物，不在于多少，而在于有无，倘若两天没吃到肉类，馋虫就蠢蠢欲动，无论吃多少素菜，都不抵饿。所以，家里做饭几乎是天天有肉，至于种类，没有定规。

我与弟弟都好带皮的肉类，猪手是最中下怀的一种，无论是炖、烧、卤，都是心头所好。川人吃猪手以重口味为主，即使清炖过后，都要配上蘸汁，简简单单一道菜，也会变得与众不同起来，比如成都的老妈蹄花，一碗奶白的汤，再配上香辣蘸汁食肉，是很讨消费者喜欢的。更重要的一点是，老百姓习惯于荤菜的浓郁，并没因为没有吃到原汁原味而觉得遗憾。所谓食无定味，适口者珍，就是如此吧。

同事中有一位北京人，一日准备家宴招待她，恰巧有香辣猪手。饭毕，她大举称赞味道香浓，却补上了一句"真想吃北京的酱猪手"。按距离来讲，我们所处之地，与她的家乡算是两个极端了，要吃一口记忆里的酱猪手，恐怕并不是件容易的事，也只好望"手"兴叹了。

不多日，她递给我一张便笺，上面密密麻麻地写满了字，原来是酱猪手的制作方法。我完全可以想象到，记忆中那个味道在她脑子里萦绕着不肯离去的痛苦状。后来，她索性打了电话问她母亲，然后一字一句，仔仔细细地埋头记录着那些原料和步骤。

当我把这张纸拿在手的时候，仿佛有一份沉重的嘱托落在我的身上，以至于我在做它的时候，每种食材，每一道处理工序都那样小心翼翼，生怕有负于她，轻慢了这一份美好。幸而，我的努力总算没有白费，微甜适口，酱香浓郁的酱猪手，满足了她的那一份惦念，也让我情不自禁地爱上了非生养地食物的做法。

猪手有皮毛之臊味，处理起来就多些步骤。最佳的处理大约算是用炭火将皮毛燎得焦黄，然后入水中泡后，刮洗干净再烹制了。然而这样的条件现今已不具备，如果幸运一些，便是肉铺老板用煤气喷枪烧黄后自己回家洗净。通常情况下，我们只能自己在家里把猪手汆水，然后刮洗干净。在皮上下功夫这是一点，再则是要用香料进一步增香除异味，葱、姜、蒜、八角、桂皮、花椒、干辣椒、草果、陈皮、香叶也不可少。虽然有的酱油会带些微的甜味，然而在快收汁时放上一些冰糖，既能使汁水更好地挂在表皮上，那股回甜又可以让此菜锦上添花。我又会时常惦念着它了。

所用料
Materials

· 猪手600克
· 生姜1大块
· 大蒜3粒
· 大葱半根
· 草果2粒
· 花椒15粒
· 八角2粒
· 桂皮1块
· 陈皮1块
· 香叶2片
· 干辣椒5个
· 黄酒1汤匙
· 一品鲜酱油3汤匙
· 草菇老抽2汤匙
· 冰糖10粒
· 花生油2汤匙
· 开水少许
· 盐适量

这样做 Production Method

1 将猪手滚水中汆煮5分钟。

2 将大蒜、生姜用刀拍破，大葱切成长段，其他作料准备好。

3 将汆水后的猪手用小刀将皮刮洗干净，去掉残毛。

4 锅内放入花生油，油五成热时，以中小火先投入花椒炒变色，再放入干辣椒、
   葱、姜、蒜、草果、桂皮、陈皮、八角、香叶炒香。

5 下入猪手，倒入黄酒翻炒均匀。

6 加入酱油和老抽炒至上色。

7 往锅内添加能没住猪手的开水。

8 将食材全数移入底小身深的锅内，加盖以中小火炖1小时。

9 往锅内加入冰糖、适量盐，煮10分钟收浓汁（也可移至炒锅收汁），关火捞
   出即可。

椒麻鸡翅

谈起花椒，便觉得有些暧昧，毕竟自己是土生土长的四川人。有时觉得花椒像是自己的朋友，在内心占有一席之地，虽说不会魂牵梦萦，但也时常挂牵。

花椒的"麻"是川菜的特色，然而由于地理位置的关系，据说味道最浓，最为香美的花椒却在陕西韩城。在川内，数汉源花椒为上。无论是用花椒来增味，还是用其解腥，川人将它的特性发挥到了极致。

虽说花椒像朋友，我却算不上吃花椒的能手。在川味火锅里有一种"干碟"，主要由花椒粉、辣椒粉、盐、鸡精配制。喜麻辣者直接将煮熟的食物，在碟子里一滚，红红褐褐像裹了一层衣服，直接送入嘴里，连连称"安逸安逸"，旁观者不禁一身冷汗。

花椒也有青红两种，成都人做川菜，特别喜欢用青花椒，他们称之为"藤椒"。华西医院附近的李庄饭店，藤椒水煮鱼算是一大特色，吃腻了干辣椒红花椒的厚重，以鲜尖椒和青花椒搭配出的味道令人耳目一新，活色生香。

有人说辣味好解，喝点奶或甜饮料、糖水都可，而解麻却不易，有时麻得舌头麻木，垂涎三尺，有时麻得反胃，达到最麻的境界却是"麻得封喉"。无论麻到哪个地步，川人却总也不能将其割舍。

椒麻鸡翅，是椒麻味型中的一种。鸡翅热吃，口感软糯，而煮至断生后凉吃，其表皮就香脆可口。椒麻鸡翅，要抽去骨，更能入味，吃起来更为方便。煮鸡翅，煮太久会使鸡翅失去香脆的口感，又会损失很大一部分鲜味，但煮的时间太短，鸡翅又很容易有腥味，严重影响成菜质量。一般煮到能离骨即可，大约八成熟的样子。由于鸡翅没有底味，椒麻汁的制作就尤为重要。花椒的性子刚烈，配上柔和香辣的绿葱，仿佛柳暗花明又一村。花椒要去黑子，与绿葱和盐一起在案板上压切成茸，用沸腾的鸡汤或者开水浸10分钟，使麻味与葱香味完全散发出来。汤或开水也不可多，能使葱椒末成糊为宜。后面再加点香油和香醋，椒麻汁做成，淋在鸡翅上即可。当鸡翅浸着浓烈的麻香进入味蕾，心中也会充满愉悦。

用鲜嫩的花椒叶做的"炸面鱼"，清香酥脆，也是不可多得的天然美味，花椒可谓浑身是宝。

人生不过匆匆数载，如果能拥有 一亩三分田，再种些花椒，取其精华，调和美味，与亲朋好友把酒言欢，那应当算是只羡平民不羡仙呐。

所用料
Materials

· 鸡翅中300克
· 干花椒1汤匙
· 香葱3根
· 八角1个（小）
· 生姜1片
· 黄酒1茶匙
· 香油1汤匙
· 香醋1茶匙
· 盐适量
· 鸡粉半茶匙

4

5

6

这样做 Production Method

1 将香葱洗净，取葱绿部分，花椒去黑籽。

2 鸡翅洗净，加入八角、黄酒、葱白、生姜片煮至断生后捞出。

3 把花椒、葱绿、适量盐合在菜板上压切成茸。

4 加入煮鸡翅的沸腾的汤，浸出麻味和葱香。

5 调入香油、香醋、鸡粉做成椒麻汁。

6 抽出鸡翅中的骨头，码放在盘中，把味汁淋在鸡翅上即成。

辣子鸡丁

所用料 Materials

· 鲜鸡腿2只
· 干辣椒1把
· 花椒半把
· 大葱1段
· 生姜1块
· 盐适量
· 白糖1/2茶匙
· 熟白芝麻1/2汤匙
· 白胡椒粉1/4茶匙
· 酱油1汤匙
· 黄酒1汤匙
· 水淀粉少许
· 香油1/3汤匙
· 食用油适量

这样做 Production Method

1 将鸡腿洗净。

2 把鸡腿剔去骨，将肉切成丁。

3 大部分生姜切片，大葱切成圈，小部分姜、葱切成粗条，干辣椒切成段。

4 取姜片、葱条、酱油、半汤匙黄酒、白胡椒粉、适量盐将鸡肉抓匀，腌10分钟。

5 调入水淀粉抓匀。

6 锅内放宽油，油七成热时（表面冒青烟，用筷子插在里面，会冒泡），加入鸡块，炸至断生后捞起，复炸至表面金黄捞出沥油。

7 锅内放新油少许，以中小火将花椒炒变色吐香味。

8 加入姜、葱、干辣椒炒香。

9 放入鸡丁。

10 烹入半汤匙黄酒炒均匀，尝咸淡看是否另外放盐。

11 炒至鸡肉香酥油亮时，加入白糖、香油炒匀。

12 撒入熟白芝麻，推匀后关火即成。

TIPS

小贴士

❶ 在炸鸡块前，用水淀粉挂浆，是为了炸鸡块时达到水油分离的效果，这样炸出来的鸡肉会外酥里嫩，且不会让鸡肉吸入太多油，导致热量过高。

❷ 一定要先炒花椒，再炒辣椒，因为花椒出香味较慢，先炒才不至于花椒不香，而辣椒却煳了。用油不要过多，过少又容易粘锅，以能炒匀花椒和辣椒为宜。

❸ 鸡块炸好后，可尝尝鸡肉的咸淡，以确定在炒时是否另行放盐。

农家炒鸡

广州龙洞公园对面有一条巷子，接近尽头处有一家专门做鸡肉类菜肴的农家私房菜馆。里面的陈设跟寻常家居一般，院子里是敞开式的厨房，大灶台，大炒锅，不远处还有一个大鸡笼，圈养着神气活现的公鸡。这里每天接待客人的数量不多，但也天天没有间断过。老板自己是掌勺人，一家老老小小做服务，打下手。菜式不多，荤菜除了农家炒鸡就是红烧鱼块，但是口碑相当不错，回头客甚多。

由于厨房是开放式，客人可以随便观摩师傅做菜，师傅也不怯场，无论谁站在他旁边，他都气定神闲，仿佛置身无人之境一般。从杀鸡到切配菜，他那认真的模样让人看着特别感动。偶尔，我们也上前跟师傅闲聊几句，大家说着带有乡音的普通话，天南地北也就凝聚成一种莫名的小情感。慢慢地我们形成一种习惯，每隔两个礼拜，就去一次，到最后我们这个小团体也因工作地变更而渐渐分散，离开已经好些年了。

一方水土养一方人，也形成了不同的饮食习惯，喜欢白斩鸡的自然香醇，也爱盐焗鸡的咸香滑嫩，但最爱的还是各种色调搭配，香与辣相互交融在肉里那种醒胃的乐趣。鸡，炒着来吃更贴近带有乡思的内心。

农家炒鸡，口感浑厚，鸡肉中融入了咸肉特殊的香气，又有丁香添彩，吃起来回味绵长，虽身不在家乡，却恍惚感到故乡就在此处，此处即是故乡。用咸肉烧鸡，要视咸肉的盐度决定是否提前浸泡，若是盐分太重，定会影响其他调料的搭配，口感就会逊色。炒这道菜，也不能急于求成，先把切好的咸肉在油锅内用中火爆香，放姜、蒜炒香后加鸡肉翻炒，再加黄酒、酱油、老抽与丁香，以中小火慢烧入味，汁水快收干时加入青红椒炒香提味即成。若是口味较重，还可以在起锅前放少许鸡精。由于咸肉与酱油有咸味，一般也无须另行放盐。鸡以现宰杀的为佳，若是有土鸡，烹饪过程中再添加点鸡汤之类，慢慢焖烧出来，口感更加地道。要想来得更加便捷，选择嫩的活鸡为宜。

　　这么多年，我自己却很少做农家炒鸡来吃，一是寻到味道好的咸肉不易，二来买一次活鸡所花费的时间不少，或多或少总有些不凑巧在里面。对于爱吃鸡的人来说，这些其实都不是难事，怕只怕某些记忆会让人想起那些离去的人，徒增伤感。那些一起走过的日子，幸福或者感伤的岁月，很多时候以食物为媒介，在空气里蔓延，在脑海里跳跃。在时光的潮汐里，我时常能听到它们涌动着的带笑哭泣的声音。

所用料
Materials

· 清远鸡半只
· 咸肉150克
· 青椒2个
· 红椒2个
· 生姜1块
· 大蒜6粒
· 丁香10粒
· 酱油2汤匙
· 黄酒2汤匙
· 老抽2茶匙
· 花生油2汤匙

这样做　Production Method

1　将咸肉洗净后切成薄片。

2　把青红椒切段，大蒜、生姜切成厚片。

3　将鸡洗净，剁成块。

4　锅内放油，油温后加入咸肉爆香出油。

5　加入生姜、大蒜炒香。

6　投入鸡块，加黄酒多翻炒几下。

7　调入酱油、老抽、丁香炒均，加3汤
　匙开水，以中小火慢炒。

8　待锅内汁水快收干时，加入青红椒翻
　炒均匀入味，收干水即成。

TIPS

小贴士

❶ 整个过程，火不能太大，要以慢炒的方式，使鸡肉入味。

❷ 由于是嫩鸡，炒制时有了足量的酱油和黄酒，不需要另行放水。

❸ 腊肉和酱油有咸味，一般无需另行放盐。口味重者可以再调些鸡粉之类。

农家小炒肉

我很喜欢湘菜，比如毛氏红烧肉、酱板鸭之类，都是去餐馆里常点的菜。跟川菜相比，湘菜学起来更为容易一些。当然这只是指一般家常菜而言，任何东西一旦沾上"专业"二字，那就不是一个"难"字能概括的了，这里面包含的是丰富的阅历和思维的创新，还要有较强的实践能力。我们不必成为专业大厨，日常生活中，会做一些家常小炒就完全足够。偶尔到餐馆里吃吃自己不会做的大菜，那也是活跃细胞与调节生活情趣的一种方式。

湘菜，是请客待友不错的选择。湘菜里一些经典的菜式风靡全国，比如剁椒鱼头、农家小炒肉就是非常出名的湘菜，而且物美价廉。

说到农家小炒肉，许多人可能都亲自做过，其做法有许多种，主料都是辣椒与肉。在洞庭，小炒肉里还要加些豆豉增香，所以也有一道菜叫洞庭小炒肉。在众多湘菜馆中，我觉得数常德的小炒肉最为好吃，辣椒干香，辣味适中，五花肉吃起来有弹性，瘦肉入味却不柴；外形上干净利落，没有太多零零碎碎的东西附着在肉上。在常德，我有一位好友与柳叶湖的一位厨师是朋友，二次去常德时，便托朋友帮我引荐。我原以为会吃闭门羹，结果我们相谈甚欢，大厨毫无保留地把农家小炒肉的一些窍门告诉了我。或许，是因为我的真诚打动了这位老先生，又或许是惺惺相惜的那种情感产生了共鸣。我们没有年龄的差距，像朋友一样热聊着。在人生中，能遇到和自己有共同语言的朋友，愿意分享一些美好的东西，多么幸福。

湖南是食辣地区，湖南椒也是小炒肉的中坚力量。如果推广到外地，对于不太能承受辣味者，可以用杭椒来搭配。也可选择杭椒和湖南椒各一半，这样辣味就相对适中，偶尔夹块杭椒与肉同食，微熏的椒香与浑厚的肉香交相辉映，实在妙不可言。特别能吃辣者，还可以另行加些小米椒提味。肉全为五花或者净瘦肉都不宜，最好是五花肉和里脊肉合用，先炒腌过的五花肉，再炒里脊，如此火候才能协调。

除却选料，辣椒的炒制方法和蚝油的运用，很大程度上让这道菜更加与众不同，回味悠长。辣椒与肉合炒前，先用净锅焙香，再与五花肉的油脂和蚝油互相融合，是农家小炒肉与一般辣椒炒肉的区别所在。或许，最原始的小炒肉没有添加蚝油，但是餐馆的厨房里能普遍将它运用，必定也是经过千锤百炼的结果。

所用料
Materials

· 五花肉200克
· 里脊肉150克
· 湖南椒100克
· 杭椒100克
· 小米椒2个
· 香葱1根
· 生姜1块
· 大蒜6粒
· 黄酒2茶匙
· 老抽2滴
· 菜籽油3汤匙
· 海天蚝油1.5汤匙
· 酱油1.5汤匙
· 香油半汤匙
· 鸡粉半茶匙
· 糖1/4茶匙
· 盐适量

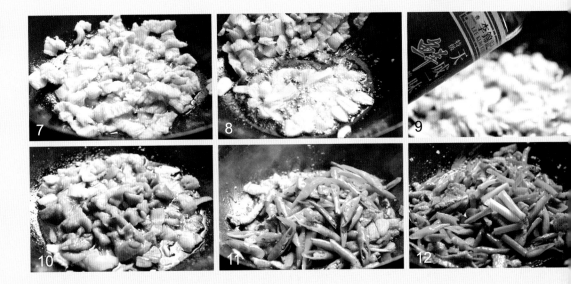

这样做 Production Method

1 准备好原材料，并洗净。

2 把湖南椒和杭椒斜切成马耳朵形，小米椒剖开，生姜和大蒜切片，香葱切成段。

3 将里脊肉切成薄片，用1茶匙黄酒、半汤匙蚝油和半汤匙酱油腌制10分钟。

4 起净锅，把锅烧干，用手拿住肉身，将五花肉的皮放入锅中以中火烙黄，起皱。

5 将五花肉皮刮洗干净后，再切成薄片。

6 再起净锅，把锅烧干，将辣椒放入焙干水，至表面有点小泡时，撒入适量盐拌匀盛起。

7 炒锅倒入菜籽油，待油冒青烟，有股香味后把五花肉放入煸炒。

8 待五花肉水煸干，冒出油时，加入生姜、大蒜片炒香。

9 加入1汤匙酱油，半汤匙蚝油，1茶匙黄酒，2滴老抽翻炒均匀。

10 把里脊肉片放锅中翻炒。

11 里脊肉片断生后，加入焙过的辣椒翻炒均匀，试咸度考虑是否放盐。

12 加入白糖、鸡粉、香葱，再滴入香油，翻炒均匀，关火即成。

TIPS

小贴士

❶ 黄酒可用料酒代替，但谨慎把握用量，太多影响口味。

❷ 油量不要太少，否则会导致肉干涩，粘锅。

❸ 此菜宜用不带甜味的蚝油，如果带甜味，不可再放糖。

泡椒鸡

川人中如果长期开伙的家庭，厨房里大多有一口泡菜坛。坛内多浸着时令蔬菜，辣椒、萝卜、豇豆是最常见的。泡萝卜可以取出直接食用，再加些调味料拌食也佳。用泡豇豆做的碎米肉，是一道十分下饭的家常菜。

泡菜是个好东西，幼时在穷乡僻壤的地方生长，去学堂的便当经常就有泡菜，一是不容易坏，二是开胃下饭，饭吃得多了，也才不容易肚子饿。

四川泡菜制作简单，但是各家制作的味道有细微差别。有人喜欢放基本调料，有人则好另加一些香料。去年在成都美食节上购得一包泡菜料，放入坛中，八角之类的香料香气四溢，不到二日，便将它弃了。不是它味道不好，而是在口感上贵气有余，亲切感不足。

泡菜讲究味道，也重视坛水的美观，川东人做新泡菜时，一般会最先泡红皮萝卜，可以使泡菜水粉红透明，坛中一个个光鲜亮丽的萝卜，仿若芙蓉争艳，煞是好看。不过，川东的红萝卜最多也不过是表皮鲜红，里肉雪白，比起涪陵地区的胭脂萝卜做泡菜引坛水就逊色得多。胭脂萝卜含有丰富的天然色素，里外红如女人胭脂，使坛水呈婉约而又妖娆的红色，不禁让人食欲大增。只可惜的是，这种萝卜很难在市面上买到，而且价格不菲，远远偏离了普通萝卜的价格。

川菜中的泡椒系列菜，无不令人胃口大开。而鱼香菜系的妙处很大一部分也得归功于泡椒，如果不是实在得不到这种原材料，最好不要以豆瓣酱代替。要做泡椒，最好选用红中带紫乌，且根根硬朗的红辣椒，才能泡得久而不变形软烂，以此保证坛水清澈。

我在深圳经常用泡椒做菜，但并不是家里有口泡菜坛，而是每次回老家就从父亲做的泡菜坛里捞出一些，吃起来每每感觉有种特别浓厚的家的味道。不是我自己不会做泡菜，而是买坛子实在要碰运气。在四川买坛子，店主一般会烧一团纸放进坛里，盖上扣碗，给坛沿加满水，如果坛沿的水瞬间被吸进坛里，表明是口好坛子，可放心使用。

泡椒鸡，是家常菜中的创新菜，新在加入了青花椒，酸辣中混合着特殊的香味，很多时候让人有枯木逢春的惊喜。泡椒不是枯木，但是被腌制后，已经失去了原有的清香，而且往往已经到了过冬的时期。青花椒在成都的市面最常见，到了其他地方，怕是很难寻得，每每想吃的时候，还得托家人或朋友邮寄一些。对于自己喜好的东西，万水千山也不算远。

所用料
Materials

· 鸡肉600克
· 泡红椒20个
· 野山椒15个
· 泡生姜1大块
· 香菜4根
· 大蒜10粒
· 青花椒30粒
· 酱油1汤匙
· 老抽半汤匙
· 胡椒粉1茶匙
· 盐适量
· 黄酒1汤匙
· 食用油适量
· 魔厨高汤（或鸡精）
　半茶匙

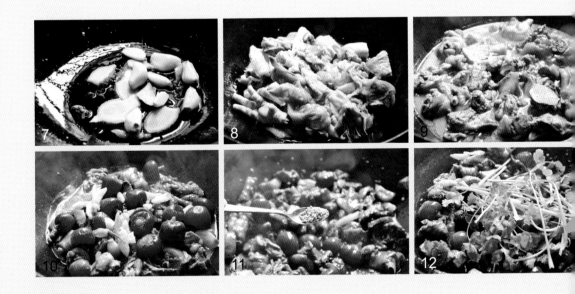

这样做　Production Method

1 将鸡肉剁成块状，用清水漂去血水后冲洗干净。

2 把鸡肉放在漏筐里沥干水。

3 调入少许盐、胡椒粉、黄酒将鸡肉腌制20分钟。

4 在腌制鸡肉的过程，将香菜洗净后切成长段。

5 将泡姜切成片，野山椒切破。

6 起炒锅，锅烧热后，加入食用油，油热后以中小火将青花椒炒香。

7 放入姜片和蒜炒香。

8 加入鸡肉。

9 调入酱油、老抽翻炒均匀后，倒入没住大半鸡肉的开水，以中小火烧制。

10 待锅内水还有一半时加入泡椒和野山椒同烧，并不时翻炒使其均匀入味。

11 待锅内汁水收干，有油溢出时，调入魔厨高汤翻炒均匀。

12 起锅前加入香菜，快速翻炒两下，即可关火装盘。

培根豆腐卷

　　豆腐基本属于家常小菜，把它变个花样，包装一下，就有焕然一新的感觉了。加了孜然粉，有种烧烤的风味。如果您觉得热量过高，那就在培根里面卷点别的蔬菜吧。其实豆腐没什么热量，但基本上也起不到瘦身的作用。有人会觉得煎的东西不健康，但培根用来蒸的话，那就完全失去了它本来的口感。不喜欢烧烤、怕上火的人，还是把培根用来炒为好。其实，偶尔吃吃，又能如何?

这样做　Production Method

1　取豆腐，切成与培根同宽度的大块。
2　把豆腐切成同等大小的细长条。
3　锅内加水，放适量盐，将豆腐入滚水锅里汆熟后捞起（中途不要翻动）。
4　将培根切成长段，把豆腐条卷起来，在封口处用淀粉糊封口。
5　香葱洗净后切成葱花。
6　起平底锅，在锅内刷一层油，把培根豆腐卷封口的一面先进行煎制，待两面变色后加入孜然粉。
7　加入白芝麻焙香后，再加入葱花滚均匀，即可。
8　如果您特别喜欢麻辣口味，可以再加上花椒粉和辣椒面。

所用料
Materials

· 培根150克
· 嫩豆腐200克
· 孜然粉适量
· 香葱1根
· 花生油适量
· 盐适量
· 白芝麻2茶匙
· 淀粉糊适量

TIPS

小贴士

❶ 余过水的豆腐与培根都有咸味，所以无须另行放盐。

❷ 喜欢滋润口感的，可以烧汁浇上去。

生炒鸡翅

年纪越轻，越爱吃鸡翅，抓着啃咬别有一番滋味。小时候，逢吃过年饭，鸡必不可少，象征抓钱的爪子，给正步入社会的年轻人，肉细皮滑的鸡翅往往会在小孩子的碗里，寄予一种展翅飞翔、快快成长的希望。倘使孩子多了，往往会发生争抢，一只鸡身上唯有一对鸡翅，不像而今超市多有单卖鸡翅的专柜。没吃到的孩子，泪珠噙满眼眶，却不敢落下来。过年，是不允许落泪的。

步入中年，开始改变一些饮食习惯。曾经痴醉于炸鸡翅的香脆，有时觉得在外面吃得不过瘾，又买回炸鸡粉在家炮制。渐渐地，胃肠不再适应那蓬勃的干烈，面包糠与牙齿演奏交响乐的日子已经一去不复返了。

然而，仍然喜欢吃鸡翅，往往是红烧来吃。先将表皮煎得金黄，然后加入生姜、大料、酱油、蚝油、黄酒等，注入一点水，小火焖烧入味，吃上去香香糯糯极美味。偶尔也凉着吃，用四川特有的椒麻味来做。鸡翅放到注入清水的锅里，加葱、姜、大料煮断生，抽去骨，用葱绿和花椒碾碎，冲一点开水，浸出椒麻汁，再放少许酱油和醋，淋在鸡翅上。如此做法，鸡翅香脆爽口，椒味香醇，唤醒夏日里萎靡的味觉。

鸡翅大约分三个部位，翅尖、翅中、翅根。鸡翅根的肉稍厚，用来红烧很入味，翅尖肉最少，属于食之无味，弃之可惜的类型，最好吃的部位，就非鸡翅中莫属。

鸡翅可以当男人的下酒菜，由于里面含有丰富的胶原蛋白，也深受女士喜爱。女人喝酒少，那么就用生炒的方式，做成一份下饭菜。借用湘式炒法，先将鸡翅斩断，用一部分酱油和蚝油腌制，再用油煸炒至吐油，加姜、蒜和青红椒入菜，再调入足量的酱油和蚝油，淋上一杯啤酒大火快烧，去腥增香。收汁时，再放点青红椒点缀，放入香葱段推匀，即成。

事实上，做鸡翅并不需要太高超的厨艺，很多人认为它是一种零失败的肉类食材，随意搭配，可繁可简，可烧可炸可烤。几年前，有一道可乐鸡翅十分风靡，效仿者无计其数，据说有特别的香味。我却没有实践过，大约是我这种陈旧老土的生活习惯，无法融入小资的生活情调。

还记得当年我只身到广州打拼，独自过的第一个生日，便是去一个西式快餐店点了一份可乐和炸鸡翅。外面灯火阑珊，人群熙熙攘攘，我用百事可乐和展翅高飞的祈愿掩盖我的孤独。天空划过飞鸟的痕迹，任凭时间流逝，我依然站在原地，守着那份梦想。岁月的风无情地在我眼角刮出细纹，有种遗憾常常响彻于被光污染了的没有星星的夜晚。

所用料
Materials

- 鸡全翅4只
- 青椒6个
- 小米椒2个
- 香葱2根
- 大蒜4粒
- 生姜1块
- 蚝油2汤匙
- 鲜味酱油2汤匙
- 食用油4汤匙
- 啤酒50毫升

这样做 Production Method

1 将一半青椒切成圆圈状，另一半和小米椒斜切成段。

2 香葱洗净后切段，大蒜和生姜切成粒状。

3 鸡全翅清洗干净，去掉残毛。

4 把鸡翅剁成小块。

5 调入一汤匙蚝油、一汤匙酱油腌制5分钟以上。

6 锅内放食用油，油热后倒入鸡翅煸炒。

7 待鸡翅水吐完，并出油时，加入圆圈辣椒和姜、蒜粒炒香。

8 调入一汤匙蚝油。

9 再加入一汤匙酱油，翻炒均匀。

10 倒进啤酒，以大火快烧。

11 待锅里水汁收干时，加入斜切的青椒段和小米椒，略炒至颜色变艳。

12 放入香葱，推匀，关火即成。

TIPS

小贴士

❶ 酱油和蚝油的量比较足，如果还需要放盐，要谨慎。

❷ 不能吃太辣，可以把小米椒换成普通红椒。

❸ 喜欢味重者，可在起锅前调入鸡精。

水煮肉片

离开乡下的日子，对劳动有一种眷恋，也有对劳动后的收获的亲昵和期待。四处都是钢筋水泥，不接地气的生活方式让人多多少少失去灵性。整整一年没有写过诗，不深沉，不宁静，强赋新词，似乎是对诗的不尊重。然而，有些抑郁需要排解，我觉得做菜，并分享这一过程，也是一种好的解郁方式。

对面的阳台上种了好些蔬菜和花草。我不了解那家主人的情况，但她种了好些兰花，一丛丛绿叶间延伸着一根根长长的枝条，顶端盛开着粉色的花朵，偶尔在风里摇曳，隐隐约约似乎能嗅到它的香气，令人凝神心醉。我每天早上起来先打开窗户，看看它们是否安好，这成了一种习惯。我渐渐发现，她家的丝瓜和我种的红薯一样，随着栏杆攀缘到了生命的尽头，叶子凋零，只剩下一根根有些干枯颓废的藤，真令人惋惜。后来，我换种上了花生，而她栽了几棵辣椒。从白色的小花，再到嫩绿的小辣椒冒出来，新生命的诞生，又给人一种重生的惊喜。那天，她在阳台上喜出望外地对屋里的人说结辣椒了，熟悉而动听，是乡音，才有如此独特的魅力。后来，我也种些辣椒，其实也不是为了吃，只是为了慰藉那一份遥远的乡愁。

川人好辣。由于地理位置的关系，川内天气多潮湿，没有机会参与体力劳动，又不爱体育锻炼的人，最好是取几根辣椒做菜，舒通各处筋脉，全身畅快淋漓。有人不食辣，到了川内很难习惯，的确，就连炒青菜都要放辣椒的时候，有人会觉得这是对辣的滥用。除了虎皮辣椒外，辣椒多半都是作为调味料出场。然而，最能识得辣椒本味的，要算将青绿的辣椒，用竹签穿起来，在炭火上烤至表皮微焦，香气四溢时，再加点井盐，用捣蒜器捣烂，再配上刚刚蒸好的白米饭，胜过无数山珍海味。

水煮，不是用白水，而是用炒过的川味豆瓣酱加水或者汤来煮。水煮牛肉、水煮鱼、水煮兔……这样的菜式诸多，却又数水煮肉片和水煮鱼出镜率最高。水煮肉片，材料简单，做法也不难，只是步骤烦琐了些。要想吃到正味的水煮肉片，还真不能删繁就简，细致地将辣椒和花椒炸香，用刀碾碎，做成刀口辣椒，然后将自己喜欢的蔬菜炒至断生盛出，再用油炒香豆瓣酱、姜、蒜，加汤或者水，放盐和胡椒粉调味，水开后熬上三五分钟，放入提前用盐、鸡蛋清、黄酒、淀粉腌好的肉片，煮至断生后盛在有蔬菜垫底的大碗里，撒上刀口辣椒和一些蒜米，再淋上热油。当你聆听到"吱啦"一声脆响，满口生香的水煮肉片呈现在眼前，你是否感受到了成功的喜悦？

所用料
Materials

· 里脊肉200克
· 香芹1根
· 绿豆芽100克
· 郫县红油豆瓣酱2汤匙
· 生姜1块
· 大蒜2粒
· 黄酒1茶匙
· 干辣椒适量
· 花椒适量
· 水淀粉适量
· 酱油半汤匙
· 鸡蛋清1/3个
· 白胡椒粉1/3茶匙
· 鸡粉1/2茶匙
· 食用油适量

这样做 Production Method

1　将香芹洗净切成段，生姜、大蒜切成米。

2　绿豆芽洗净沥水。

3　起锅，用温油小火将花椒和干辣椒炒香后捞出。

4　把炸香的花椒和辣椒用刀碾碎，形成刀口辣椒。

5　肉洗净，切成片，用黄酒、酱油、鸡蛋清腌3分钟后，加入水淀粉上浆。

6　将绿豆芽和芹菜炒至断生后捞出放入碗底。

7　炒锅放油，油热后把豆瓣酱炒香。

8　下入姜米和一半蒜米炒香。

9　往锅内注入水，调入盐、胡椒粉，熬3分钟后调入鸡粉。

10　加入肉片，用筷子划散，煮至断生。

11　把煮熟的肉片捞在有豆芽的碗上，加入汤，在肉片上撒上刀口辣椒和另一半蒜米。

12　用净锅烧半大勺热油，将热油淋在刀口辣椒上，即成。

TIPS

小贴士

❶ 根据您个人喜好控制干辣椒及干花椒的用量。

❷ 垫底蔬菜，随自己喜好加入。

糖醋排骨

天气热时，总喜欢吃些酸酸甜甜的食物。不用辣椒，就用糖醋排骨来开胃了。糖醋排骨，一般需要先将排骨炸制至金黄，再略烧，酸甜干香，很受欢迎。很多人对炸这个过程望而生畏，尤其是火炉般的夏天。所以，借鉴红烧方法，调酸甜味，无须油炸，我们就能吃到肉感十足，不干不柴的酸甜排骨。这道菜材料简单，操作方便。

糖色，是用油或者水加糖小火炒成棕红色后加开水兑成的，炒糖色要有耐心，不停搅拌，待翻炒成棕红色后马上加开水，不然会苦。没有糖色，可用老抽代替，不放也行，但需要另行加些白糖调味。

有的番茄酱特别甜，要考虑放糖和醋的分量，最好是边加边尝，熟悉它的特性。比如我做的番茄酱，还是比较咸的那种，所以整个过程都没有放盐。

所用料
Materials

· 肋排500克
· 生姜1块
· 大葱半根
· 八角1个
· 番茄汁适量
· 黄酒1汤匙
· 酱油1汤匙
· 糖色2汤匙
  （可用老抽代替）
· 香醋1茶匙
· 花生油2汤匙
· 白芝麻少许

这样做　Production　Method

1 将生姜切成厚片，大葱切成段，准备好八角。

2 将肋排斩断，然后在水里浸泡清洗几次，至没有血水后捞出。

3 炒锅放油，油热后放入生姜、大葱、八角炒香。

4 加入番茄酱翻炒。

5 投入排骨炒匀，加入黄酒、酱油、糖色炒匀。

6 注入没住排骨的开水，烧开后加盖以中小火焖烧30分钟，中途翻面（试咸度看是否加盐）。

7 锅内汁水收干时，加入2茶匙香醋翻炒均匀后起锅。

8 装盘，撒上熟芝麻，即成。

TIPS
小贴士

❶ 没有糖色，可用老抽代替，不放也行，但需要另行加些白糖调味。

❷ 焖烧过程中记得翻面，起锅前淋点香醋，更美味。

蒜苗炒腊肉

妹夫从老家过完年，带了几块腊肉回来，让我们尝尝。从湖北安陆的腊肉制法来看，我更喜欢叫它为腌肉，虽说也为年末腊月所做，但只是将肉洗净晾干水，用盐腌制，再风干即成。比起四川腊肉和湖南腊肉的制法，算得上是小巫见大巫了。

正所谓食无定味，适口者珍。邓妈对于四川腊肉和湖南腊肉都很排斥，既不喜欢它油黑的色泽，也不喜欢那股子烟熏的味道。前年有人带了一块湖南腊肉给她，她丝毫没有兴致食之，挂在屋内，直至生了白毛后将其扔掉。

腌肉一般放盐较多，不经过烟熏，很容易发臭。至于臭的味道为何状，如果你闻过脚臭，就知晓了。所以制作的时候，通风也很重要。在吃较咸的腌肉之前，一定要用大量清水泡上一夜，使其盐味渗出，再经过煮制才行。倘若图方便，草草地将其洗净后就炒制，定会咸得下不了口，任你再好的技法和完美的配菜都无济于事。

荤油炒素菜，是美食家袁枚所推崇的。炒素菜时，先用咸肉煎出油来，吃起来就味道浑厚而不寡味，还带着特殊的香味。也有人喜欢用咸肉搭配鸡肉来烧菜，相当有农家特色。

蒜苗炒腊肉是很简单的一种农家做法，也是上好的搭配方法，当然如果用蒜薹就更出众。腊肉褪了生猪肉的荤腥气，不必放料酒也无腥味，加上一点姜丝，会使绵软的肉在口感上有一丝霸气。青蒜苗梗和叶要分别切制，因为两者需要不同的烹制时间，入锅的顺序也是一前一后，蒜梗炒香断生后，再放蒜叶，才能有相得益彰的效果。另外值得一说的是，肉切好后应放入热净锅内，用中小火爆出油后，放姜丝和少许老抽，再放其他作料，才不至于在视觉和味觉上感到太过油腻。如果起锅前能加上一些鸡精之类的调味品，在口感上可以弥补肉腌制时未加香料的寡味。

我们家住在城郊景区内，有烟熏腊肉的条件，每年腊月之时，我家里会特别热闹。市中心的亲戚朋友，会不间断地开车运来自己准备好的年肉来烟熏。熏肉的燃料，多以柏树枝为主，其烟有芳香之气，比作坊里那些用炭烤出来的腊肉味道好上许多。

川湘腊肉的吃法多种多样，最为直接的吃法叫案板腊肉，将腊肉蒸熟后，直接切成片趁热吃，对于多年没有吃到故乡菜的人来讲，是莫大的慰藉。用腊肉炖土豆、炒土豆，都是不可多得的好菜肴。如果配上青蒜苗炒制，同咸肉一样做法，不用加鸡精、味精，最质朴却也最美味。

所用料
Materials

· 腊肉300克
· 青蒜苗4根
· 花椒10粒
· 生姜1块
· 老抽2滴
· 魔厨高汤适量
　（或鸡精半茶匙）

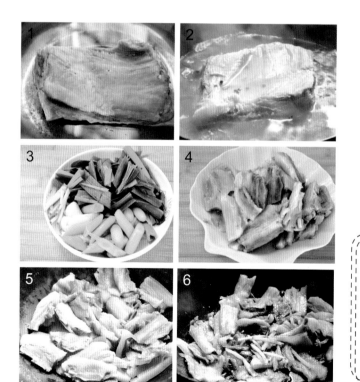

TIPS
小贴士

此腊肉为湖北晾晒腊肉，如果是湖南或者四川的烟熏腊肉则不需要老抽。

这样做　Production Method

1　将腌肉刮洗干净后，用大量清水浸泡一夜。

2　炒之前，把泡过的腌肉再用水洗净后，放入锅内加上花椒粒煮至断生。

3　蒜苗洗净后将梗和叶分别切成马耳朵形，生姜切丝。

4　把煮好的肉切成薄片。

5　净锅烧热（要完全干掉水），放入肉片，以中小火煎出油。

6　放入姜丝和2滴老抽炒香。

7　加入青蒜苗梗翻炒至断生。

8　加入魔厨高汤（或鸡精）翻炒均匀。

9　最后放入蒜叶，大火翻炒至断生后关火，即成。

香辣啤酒鸭

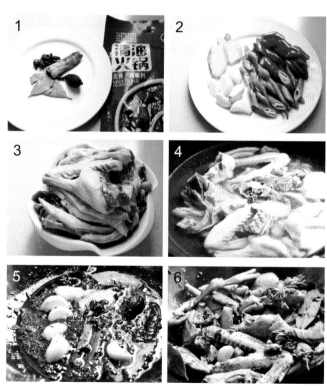

所用料
Materials

· 鲜鸭肉700克
· 啤酒1罐（330毫升）
· 青红椒各3个
· 生姜1大块
· 花椒10粒
· 大蒜6粒
· 桂皮1个
· 八角2个（小）
· 香叶2片
· 草果1个
· 川南清油火锅料2汤匙
· 海天蚝油1汤匙
· 六月鲜酱油1汤匙
· 糖色2汤匙
· 盐适量
· 花生油适量

这样做　Production　Method

1　准备好八角、香叶、草果、桂皮、清油火锅料。

2　将生姜切一片下来，剩余下的整个拍破，青红椒切成段。

3　鸭子洗净腹中血污，剁成块。

4　冷水，加入生姜片、花椒将鸭肉放入锅中余水，待水开出现血泡后关火，并将其充分洗净。

5　炒锅放油，油热后加入生姜、大蒜、桂皮、香叶、草果、八角、火锅料炒香。

6　加入鸭子翻炒均匀。

7　加入蚝油、酱油、糖色翻炒均匀。

8　注入啤酒，烧开，然后加盖，以小火焖烧。

9　待锅内有少量汁水时，视情况考虑是否放盐，待锅内快收汁时，加入青红椒段，中火翻炒至断生，关火即成。

TIPS
小贴士

❶ 不宜用固体火锅料，牛油味太重不说，遇冷就会凝结，大败兴致。

❷ 没有糖色，可用老抽或者红烧酱油代替。

❸ 啤酒用量根据自己鸭肉多少增减，以能没住鸭肉为宜。

圆笼粉蒸肉

粉蒸肉，有着悠久的历史，传说此菜是明末清初丁氏夫妇的祖传妙方，崇祯皇帝南巡吃到时倍感美味，将丁厨请到宫廷作为御厨，从此粉蒸肉扬名天下。又传它是清末的杭州厨师为了应季而作，清香软糯不腻，散发着特殊的魅力。

对于具体做法，除肉和米粉两样主料相同外，各地略有差异，有加甜面酱调味，也有以郫县豆瓣酱为辅料。不难想到加郫县豆瓣酱的粉蒸肉即为川菜，再配之辣椒粉、花椒粉及其他调料，粉蒸肉便成另一种风味了。

做蒸菜，用竹笼，上下蒸汽均匀，很省时，亦不用担心因水汽过多而冲淡味道。粉蒸肉，在民间可谓经久不衰，很多人尝试做此菜，但总体说来多干硬，不及饭馆里的软糯。究其原因，则是炮制米粉的方法有差异。提前用温水将米粉泡上三个小时左右，再与腌入味的五花肉拌匀合蒸，就会收到预期的效果。郫县豆瓣酱，以剁细炒过为宜，去其生味，增添咸香。备上腐乳汁、酱油、醪糟、辣椒粉、花椒粉、黄酒、生姜，再来一点生菜油充分拌匀，腌一小时以上，再与泡好且滗干水的蒸肉粉拌匀，入笼蒸半小时即成。蒸笼底下，铺上荷叶或者大菜叶，用土豆、红薯、莲藕、青豌豆垫底都可。

川东地区的乡下酒席，一般都有八大碗，这粉蒸肉就是其中一碗。酒席中的粉蒸肉，肉片切得较厚，一人一片基本上能满足肉食之欲，也有很多年轻人觉得腻口，不敢尝试。老一辈的农村人，特别喜好有丰腴口感的粉蒸肉，几大片吃进嘴里不在话下。乡厨做粉蒸肉，米粉不用浸泡，较为讲究的，用大米和少许糯米混合，再与辣椒、花椒炒香磨成细粉，与腌好的肉拌匀，再稍腌，取肉片在手掌里排成排，扣在碗里，入锅中蒸熟，吃时倒扣于大碗或者盘中。

以前农村没有冰箱，要把五花肉直接片成大小一致的片，相当考手艺。如今十足方便，把肉洗净，冷冻定型后，再切成片，就容易得多。如果实在刀工不好，随意切成片，不用排成梯子形状，拌匀后零乱地放在蒸笼上蒸熟，其味道也不会逊色，隔夜之后味道更佳。

每每做粉蒸肉，都会让我想起一些老友，尽管与他们天各一方，然而那份惦念陡然涌上心头，让偶尔失落的内心填得满满的。诗人巴山石头是我见过最喜欢吃粉蒸肉的兄长，他本人长得精瘦，一人能吃上一碗。有人说诗人身上会透着一股子酸劲，但我结识的诗人却满是豪爽与正气，跟他们诗歌里透着的细腻动人有很大区别，正可谓，柔情似水真汉子！

所用料
Materials

- 五花肉500克
- 五香蒸肉米粉250克
- 郫县豆瓣酱3汤匙
- 酱油1汤匙
- 盐适量
- 黄酒1汤匙
- 腐乳汁1汤匙
- 醪糟（米酒）1汤匙
- 大葱1段
- 姜1大块
- 大蒜5粒
- 葱花少许
- 花椒面2茶匙
- 花生油1汤匙
- 生菜油1汤匙
- 盐适量

1

2

3

这样做　Production Method

1　将蒸肉米粉用宽温水浸泡3小时左右。

2　郫县豆瓣酱剁细，大葱切细，生姜大蒜切成末。

3　将烧了皮的五花肉刮洗干净后切成片。

4　锅里放花生油，油温后放入郫县豆瓣酱、大蒜葱花炒至豆瓣酱断生，吐油溢香。

5　大容器装肉，加入酱油、醪糟、黄酒、腐乳汁。

6　放入花椒面、生姜、炒好的豆瓣酱。

7　将调料与肉充分拌匀后加入菜油抹在表面，腌制1小时，中途翻动两次。

8　泡好的蒸肉米粉滗干水，与肉充分拌匀。

9　土豆去皮切成丁，用适量盐拌匀。

10　蒸笼底下铺好菜叶，放一层土豆丁。

11　上面铺上拌好的肉，入开水锅中加盖蒸30分钟。

12　吃时在上面撒点葱花。

TIPS

小贴士

❶ 如果蒸笼里铺得过厚会影响口感。

❷ 如果用碗或盘蒸的话，最好用高压锅，防止蒸时太长，水汽过多，影响口感。

❸ 食辣者，可另行添加些辣椒粉。

孜然醉排骨

红酒是葡萄酒的一种。在中国，葡萄酒虽然没有白酒亲民，但是酿造葡萄酒的历史可谓悠久。在北宋末期，最负盛名的，由朱肱所撰写的《酒经》里，就有详细讲解制作葡萄酒的方法，只是那时葡萄叫"蒲萄"，而葡萄酒的酿造，早在宋朝之前。

我大姨每年在葡萄大量上市的时候，都要做几瓶葡萄酒，入口很香，后劲很大。家庭简易葡萄酒的做法比较简单，将葡萄用剪刀剪断蒂，然后用盐水略泡10分钟，以去除污物及农药残留物，然后用大量清水冲洗干净，再沥干水，取一个干净的大盆，把葡萄捏碎，大约以6斤葡萄1斤白糖的比例混合拌匀，待糖融化后悉数装进净玻璃瓶中密封保存。装瓶不可太满，留出三分之一的空间以备发酵，大约一个月，酒便酿成，用消过毒的细过滤网或者纱布滤掉里面的葡萄渣即可饮用。

红酒，是按照葡萄的颜色命名，诸如广告、影视之类，许多跟高雅、浪漫挂上号的，都有红酒或是品红酒的镜头。对于会喝酒的人而言，酒里会有特殊的芳香，有莫大的魅力，不喝酒者，想到的则是辛、辣、苦、涩。懂得喝酒的人，也让人羡慕，酒精是一种神奇的东西，据说可以让人飘飘欲仙。想想唐代大诗人李白，如果没有酒，他的诗篇里，或许就会缺少那种豪迈的气势。品酒，是一门艺术，尤其是品红酒。每每看到品酒师小酌一口，那凝神心醉的表情，整个世界仿佛都跟着微醺而迷醉了。

不会喝酒，但是可以用酒来做菜。在极腥膻的肉食里，加入白酒，能够去腥增香，还有啤酒，也是常用来烹调的酒类。对于红酒而言，由于其本身的特殊文化价值，一般有它搭配做出的菜，身价都会倍增，往往会取一些很贵气的名字，例如贵妃鸡翅。

红酒与牛排是相当搭调的，吃牛排，喝红酒，而煎牛排，也可以烹入红酒。对于普通家庭而言，牛排算是比较另类的食物，如果提到猪排，大家更熟识，更亲近。除却忌食猪肉的少数民族外，猪排骨在人们心目中有相当的地位。用红酒入菜，并非一定要选高档品种，在自己的购买力范围内，用心来做就成。

人靠衣妆，马靠鞍。食物也需要包装，把简单的食材，用独特的手法来烹饪，也会收到让人眼前一亮的效果。既然红酒与红肉类那样契合，就取一些来烧制我们最为熟悉的猪排骨，不仅色泽艳丽，而且香醇适口，最后再调入芳香的孜然粉，香与醇的感觉此起彼伏，排骨的美妙无以复加。

所用料
Materials

- 仔排骨500克
- 红酒200克
- 生姜1块
- 大葱半根
- 孜然粒1汤匙
- 红浇汁1汤匙
- 冰糖3颗
- 盐适量
- 魔厨高汤1茶匙
- 干淀粉适量
- 食用油适量

这样做 Production Method

1 将大葱切成段，生姜切片。

2 排骨洗净后，入锅中氽水后捞出。

3 准备好红酒。

4 将排骨均匀沾上干淀粉。

5 平底锅加油，以半煎半炸的方式，将排骨煎至两面金黄。

6 炒锅放油，油五成热时，放入大葱和生姜炒香。

7 放入排骨翻炒均匀放红烧汁。

8 倒入红酒。

9 加入冰糖，加盖以小火焖烧。

10 快收汁时调入适量盐，收汁时加入孜然粒、魔厨高汤翻炒均匀，即成。

PART

鲜嫩鱼虾

豆豉辣椒火焙鱼

以豆豉和辣椒做菜，是湘菜里较为常见的方式，小鱼的干香中结合辣椒和豉香，开胃下饭，也适宜佐酒。

所用料
Materials

· 小干鱼200克
· 豆豉1汤匙
· 青辣椒2个
· 红辣椒2个
· 大蒜4粒
· 生姜1块
· 盐适量
· 鸡粉1茶匙
· 食用油适量

这样做　Production　Method

1　将小干鱼用温水泡3分钟，再用清水冲洗干净，沥水。
2　把青红辣椒切成圈，大蒜和生姜切片。
3　起净锅，不放油，用小火类似炒芝麻的方式，将小鱼焙干香后盛出。
4　热炒锅内放油，油七成热时加入生姜、大蒜、豆豉炒香。
5　加入青红辣椒圈炒香后，放入小鱼翻炒均匀。
6　起锅前加入盐、鸡粉调即可（豆豉带有咸味，添加盐的时候要酌情定量）。

TIPS
小贴士

提前用净锅把小鱼焙干香，既能保持小鱼的完整性，也能增加口感。

番茄虾仁

番茄原产于南美洲，最初叫"狼桃"，出产地一直传说吃了它会起疙瘩、长瘤子，有毒性，人们不敢食用，多作为观赏植物。十七世纪，有位法国画家试吃了红艳动人的番茄，居然没被毒死，然后就向众人描述它美妙的味道。当时，震惊全国乃至世界，直到十八世纪，番茄被厨师们正式变成餐桌上的美味佳肴。

为什么取名叫番茄呢？这还有一定的根据。按照中国习惯，对于外国传入的东西，前面喜欢加个"番"字或者"西"字。由于其形状与中国最初的圆形茄子相似，所以用"番茄"命名，又因为它与我们红彤彤的柿子长得差不多，于是也有"西红柿"的称谓，还有人叫它"洋柿子"。

据说，番茄在没成熟之前，有一定毒性。生食青番茄会有麻舌之感，不过，把青番茄炒熟当小菜，绝对开胃下饭。倘若里面再加上少许青椒与大蒜，那滋味胜却无数人间美味。去年，我婶婶家种了好几株番茄，还是小小青绿的时候，叔叔就让摘下来炒着吃，上桌不久，就被我和叔叔一人一半，顷刻而罄。炒熟后的青番茄，是勾魂的微麻，醒胃的微酸，再加醉人的微甜，小小一种食材，就会让人的味觉有跌宕起伏的奇妙感受。种在土壤里的番茄，结出的果子不大，不如市售的无土番茄长得健硕漂亮，但香味更浓。

一般而言，食用大红番茄，无论是做成酸甜可口的番茄炒蛋，还是用番茄来烧制牛肉，都是人们喜好的佳肴。中医认为，番茄性凉味甘酸，有清热生津、养阴凉血的功效，女性多食用，可美容养颜。除了维生素A，番茄中含有大量维生素C，对于滋养皮肤有很大好处，但也因此被一些人认为如果与虾同食会有毒性。这种说法有一定的科学道理，然而不到过量的标准，也没有那么可怕的后果。

　　大美食家陆文夫在他的小说《美食家》里就有番茄与虾的搭配方法，书中介绍，女主人公不是简单地用番茄配上虾仁，而是先把番茄肉挖出来，最后把清炒虾仁盛入番茄盅里，还可以加上盖子，使人感到无比精致与优雅。陆先生真不愧为美食家，倘若认真品读此小说的人，无不被里面介绍的各种美食所诱惑，连连称赞。

　　而今已步入现代化，无论是豪门闺秀，还是平民女子，对于吟诗作对这些有雅趣的东西，鲜有钻研。然而生活中，我们还是尽可能地优雅一些，比如自己的服装和言行举止，或是把一些普通的菜，做得有几分雅趣。社会越是浮躁，我们越要诗意地生活。

所用料
Materials

· 大虾600克
· 青豆200克
· 番茄500克
· 地扪茄汁2汤匙
· 蒜1粒
· 生姜1小块
· 黄酒1茶匙
· 蛋清半个
· 干淀粉2茶匙
· 魔厨高汤1茶匙
· 食用油适量
· 盐适量

这样做 Production Method

1 将鲜虾去头、壳、尾部，抽掉虾线和虾肠，制成虾仁洗净后，擦干水。

2 把虾仁加鸡蛋清、黄酒、淀粉抓匀，腌制10分钟。

3 把大蒜和生姜捣成汁。

4 将番茄用小刀开盖，挖出瓤待用。

5 将青豌豆洗净后沥干水，锅内放足量的油，炒至断生后捞出。

6 同样，将虾仁入油锅里滑炒至断生捞出。

7 锅内留底油，或者重新放油，将茄汁炒匀后，加入挖出的新鲜番茄瓤炒制。

8 待锅内茄汁浓稠时加入虾仁和青豆。

9 放姜蒜汁翻炒均匀。

10 起锅前加入适量盐及魔厨高汤调味，装盘或入番茄盅即成。

番茄鱼

所用料
Materials

· 草鱼500克
· 番茄400克
· 番茄汁3汤匙
· 生姜1块
· 大葱半根
· 大蒜3粒
· 白胡椒粉半茶匙
· 盐适量
· 干淀粉1/2汤匙
· 白芝麻1汤匙
· 黄酒1茶匙
· 鸡蛋清1个
· 香葱段数根
· 花生油适量

这样做　Production　Method

1　将大葱切成段，生姜和大蒜切成片。

2　用开水把番茄的表皮烫软，再去皮切成厚片。

3　草鱼剖开，洗净肚子里的黑膜及异物，剔骨，片成片，加一片生姜，取香葱段、鸡蛋清、1/4匙白胡椒粉、黄酒、干淀粉、适量盐腌制10分钟。

4　炒锅放油，油热后以中小火将生姜、大蒜及大葱段炒香。

5　加入番茄酱炒上色。

6　投入番茄片炒至溢汁。

7　注入开水适量（1.2升左右），加入1/4茶匙白胡椒粉，投入鱼骨和鱼头先煮。

8　待锅内汤汁浓稠时，调入盐搅匀，去掉鱼片里的花椒和姜蒜，投入锅中大火煮至断生关火。

9　将鱼盛入大碗内，撒上白芝麻。

10　净锅烧半大勺热油，趁热淋在芝麻上，即成。

干烧鲫鱼

曾经有位朋友说，鱼我所欲也，肉我所欲也，何以兼得。我想，用肉来烧鱼是不错的方法，鱼吸收了肉汁，口感很饱满，而肉丁也增加了鱼的鲜香，再加上香菇的独特味道与榨菜的脆爽，这道菜就变得很下饭了。

这样做 Production Method

1 宰杀好的鲫鱼洗净肚子里的黑膜及异物，加1茶匙料酒、白胡椒粉、几根姜丝和葱白、适量盐腌制10分钟。

2 香葱白和绿分别切成葱花，红油豆瓣酱剁细，生姜和大蒜切成末。

3 五花肉切成小肉丁，榨菜和香菇切成小丁。

4 底锅内放少许花生油，把鱼放入煎至两面金黄后取出。

5 锅内放菜油，油烧熟后，加入肉丁炒出油后，烹入1茶匙料酒。

6 加入郫县豆瓣酱、生姜大蒜末炒香亮油。

7 加入香菇丁、榨菜丁炒香。

8 加入酱油、白糖、鸡粉炒匀。

9 往锅里注入没过鱼身一半的开水，以小火慢烧，中途小心翻面。

10 汁水收干时加入葱绿，将鱼装盘，将锅里食材浇在鱼身上，即成。

所用料
Materials

· 鲫鱼400克
· 五花肉50克
· 香菇3个
· 涪陵榨菜丝15克
· 香葱2根
· 大蒜2粒
· 生姜1小块
· 盐适量
· 料酒2茶匙
· 郫县豆瓣酱1汤匙
· 白胡椒粉半茶匙
· 鸡粉1茶匙
· 白糖半茶匙
· 酱油1汤匙
· 菜油3汤匙
· 花生油2茶匙

TIPS
小贴士

鲫鱼不要选太大的，不易煎，如果家里锅小还容易变形。

红焖大虾

天上一个月亮，水中一个月亮，静谧的小河总是那样让人内心平静，在时光的微波里，它温婉端庄。偶尔有暗黑的小生灵在水里游动，把手伸进去静止不动，有时候它们会不经意触碰你的遐思，心微微一震，甚至吓得汗毛竖起，一看是调皮的小虾兵，又不禁莞尔。

韭菜炒河虾，算是经典搭配，一温一寒，鲜美可口，却不及大虾招人青睐。大虾肉厚，吃法灵活，可当主菜，亦可为馅料。好几年前，我刚到广州时，市场的海虾特别便宜，一斤10元左右，隔两天就会买上半斤，白灼来吃。白灼是最省事、最保持原汁原味的做法，只要是粤菜饭店，无论大小，高档与否，几乎都有白灼虾。吃白灼虾，在于剥虾的妙趣，就像爱情，翻越层层屏障才尝到甜头，更让人铭记于心，所以成为经典。鲜活是白灼虾的关键，如果虾死了很久，颜色不亮，肉老而坚实，腥气甚重。

第一次在餐桌上见到白灼虾，我并不敢吃，不是怕味道不好，而是不知如何下手，万一方法用错，会遭人笑话，所以就干脆不食。就像后来我们几个没吃过龙虾的同事，碰到有年聚餐有龙虾，大家都怕出丑不敢动手，餐毕，红红火火的大龙虾，还保持着原样。

对于冰冻虾，做成香辣虾是好食法，先酥炸，再加生姜、大蒜、干椒等调料一起炒至入味，十分过瘾。据说有人特别厌海鲜用浓油辛辣的吃法，认为这是暴殄天物。近海地区的人，生猛海鲜相伴，体会不到海只是一片蔚蓝色的梦的地方情结。

我以为吃到不用剥壳的大虾或者虾仁，应该抱着无限感恩。烧是易事，前期处理很麻烦，剪去虾枪虾足，开背，去虾肠沙包，这些都费事，特别是直接开背，如若遇上刀锋不利，还容易误伤自己，每做一次烧大虾，我左手的食指和拇指，大多会留下被虾头戳掉皮的痕迹。烧大虾，可以只用虾身，虾头去掉沙包后，可单独炸虾油。如果为了保证虾身完整，就需要去掉虾线的同时，掰开颈背处，除掉沙包。而后，或煎或微炸，佐以辣椒、番茄酱之类，按自己喜好调味。但虾不宜烧太久，以免失去了脆嫩的口感。

常见到一位母亲，放下自己的碗筷，先是剥虾壳，再略为蘸点酱汁，然后喂在幼小的孩子嘴里。时间在虾壳的脱落中渐渐流失，自己碗里饭菜早已冷却，双手依然不肯停歇。唯有母爱，那种无私的奉献，常常让我们感到无以为报。

所用料
Materials

· 鲜大虾400克
· 番茄酱3汤匙
· 鲜味酱油1汤匙
· 姜米1/2汤匙
· 蒜米1/2汤匙
· 葱花1汤匙
· 花生油适量
· 盐适量
· 黄酒4汤匙

这样做 Production Method

1 将大虾用清水稍洗沥水，置入大容器，倒入黄酒浸泡。

2 剪去虾枪，虾足。

3 从尾部起刀，将虾剖开，去掉虾线，掰开虾头外侧，用手抠去头里的沙包，冲洗干净。

4 加适量盐腌一小会儿。

5 锅里放油，油热后，把虾放至锅中煎至两面金黄盛出。

6 锅内留底油，小火放入姜米和蒜米炒香。

7 放入少许葱白炒香。

8 加入番茄酱炒均匀。

9 调入酱油。

10 注入少许水或者清汤。

11 倒入大虾，加盖，用中火烧制。

12 烧一分钟后，再把虾翻过来烧另一面，快收汁时加入葱花炒匀起锅。

TIPS

小贴士

❶ 如果是冰冻虾，可在腌制时放点黄酒。

❷ 酱油咸味已足，无须再放盐，如果不用酱油，就要加盐。

家常鳝鱼

金黄的稻穗作别田野，簇拥在谷仓里，安于永夜的宁静。望眼过去，四处是一片片稻茬儿，偶尔还有一株稗子挺着深绿的腰肢在秋风里招展。穿上草鞋，挎着竹篓，戴上草帽，他在田间寻找着洞穴，已经准备好的诱饵，正发出魅惑，只等那有极致光滑肌肤的蛇一般的动物上钩。这俨然是一位常钓鳝鱼的人，他有时也捉蛇。我想着篓子里那些昂首翘盼的滑冷物体，就会毛骨悚然。

钓鳝人提着战利品在城里四处叫卖，纯野生品种当然能卖个好价钱。我们家住在当地一个自然风景区内，在学校放暑假的时候，就有好些学生拿着自备的钩子和诱饵，去田间找鳝鱼。碰到他们去城里贩卖经过我家时，我母亲就会买上一些，一则为家人补身，二来也想孩子们能够早早归家。

我绝不吃蛇，它生前令我恐惧，被烹后依然让我的心里阴影密布。然而，鳝鱼，我还敢吃，只是自己不能承担宰杀和清洗的过程，一触碰到那些滑溜的躯体，我的毛孔在张开与收紧之间快速地循环往复，背后浸出丝丝冷汗。

在饭店，常点水煮鳝鱼，做法跟新派水煮鱼类似。若在水煮鳝鱼里加上粉条之类，绝对丰腴可口，更多时候，里面的粉条更受欢迎。我曾在家附近的淮扬楼吃过一回淮扬鳝段，用浓稠的汁，加入大量蒜瓣，烧出的鳝鱼极其细滑鲜嫩。只可惜那天，厨师心情不佳，或是刚刚打开一袋食盐，没有掌控好分量，大部分食客的菜都做得咸了，那盘鳝段也不例外，让人生出些许遗憾。作为家常菜，炒香红油豆瓣酱及姜蒜，加蒜薹与鳝鱼同烧，烹一些酱油、白糖，香味浓郁，荤素搭配，好吃却不腻味，鳝鱼由开始的生猛变得乖巧，十分亲民。

对于鳝鱼身上的黏液是否需要去掉，众说纷纭。最初听说，鳝鱼表面的黏液有一定毒性，必须去除，因此多半会用大量盐搓洗后用清水洗净，又或者将其在开水里浸烫片刻，用净布从头至尾擦一遍，再清洗干净。后来又听说，黏液不可除，它由多糖和蛋白组成，对身体有很大益处，也就省去了先前的洗烫步骤。无论黏液去与不去，鳝鱼一定要烧熟，否则有损健康。

吃荤却鄙夷杀生的人，其实是一种伪善。有些佛家人劝说世人可以吃肉，但是要吃净肉，这对许多奉行荤食主义，又不想受到良心上谴责的人而言，多少算是一种心理安慰。上天赐予了我们美食，却把残忍留给了别人。

所用料
Materials

- 鳝鱼250克
- 蒜薹250克
- 红辣椒1个
- 生姜1块
- 大蒜2粒
- 黄酒半汤匙
- 郫县红油豆瓣酱1汤匙
- 盐适量
- 生抽1/2汤匙
- 白糖1/2茶匙
- 鸡粉1/3茶匙
- 稀水淀粉1汤匙
- 菜油适量

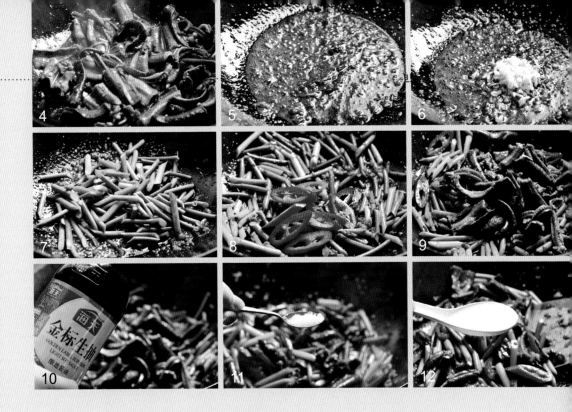

这样做　Production Method

1　将杀好的鳝鱼洗净，去头，切成段。

2　蒜薹洗净切成段。

3　红辣椒切成片，生姜、大蒜切末，郫县豆瓣
　　酱剁细碎。

4　锅内烧热油，将鳝鱼加黄酒滑炒至不粘锅后
　　盛出。

5　锅内留底油，加豆瓣酱，温火炒至翻红吐油。

6　加入生姜、大蒜炒香。

7　加入蒜薹。

8　加入红椒炒匀。

9　放鳝段。

10　调入生抽，并放少许水，烧2分钟。

11　视情况看是否放盐，然后调入白糖、鸡粉，
　　大火翻炒均匀。

12　淋上薄芡，稍炒亮色，即成。

TIPS

小贴士

生抽和豆瓣酱都有咸味，
放盐需谨慎。

劲爆水煮鱼

相思有瘾，对于火锅的相思，是最魅惑的蛊。有一位美女同事，每周至少得吃一次火锅，如若不然，她便觉得身体里好似有千万条虫在吸啄她的神经。好强大的馋虫！让我想起读书时代，冬天里每逢周末都会与同学去吃串串香。那时物价便宜，而且又是苍蝇馆（指价格便宜、条件简陋的小饭店），平均一人七八块钱就能吃得心满意足。

我一直钟情重庆麻辣火锅的味道，那种特殊的香麻渗透在汤里，深入食材，勾引你的魂魄，让你沉醉其中，欲罢不能。到南方后，火锅的瘾慢慢戒掉，偶尔会萌生一种想吃的念头，就会买火锅料烧菜，用它做水煮鱼是常有的事。如果选用可以加热的容器来盛，待鱼片吃完后，还可以继续在里面煮些豆腐、平菇之类，俨然成了家庭小火锅。

对于水煮鱼，选料有多种方式，家里有孩子和老人，可用番茄做汤底，亦可用黄芪类滋补中药材，而最常见的，应该算是用郫县豆瓣酱，比起这些，用火锅料入菜算是口味的重中之重。火锅料有含牛油较多的固体类，也有不受温度影响而凝结的清油火锅底料，对于单纯做水煮鱼来讲，用后者更合适。

要保持鱼片细嫩，我们通常采取加入鸡蛋清和生粉的方式。又听闻有人言说，最好是将鱼片用油滑熟，最后淋热油。我试过一次，对于火候和油量的拿捏，非我等一般业余爱好者所能掌控，而且吃上去没有浸透汤底的味道，总觉得缺少些什么，我想，这大概就是水煮的灵魂。有一次，我在九门寨吃石锅鱼，新鲜鱼片切得稍厚，明显用油溜过，用偌大的厚石锅装着，点了火，刚刚熟时并不入味，鱼片也并不细嫩，只是整个锅里干净爽利，大约要等煮到10分钟以后，鱼才慢慢入味，越煮便越加好吃。因此，滑油的鱼片，看来并不太适合我们需要的做熟即食的水煮鱼菜式。

中国菜的名字非常有意思，有些取得极雅致缥缈含蓄，有些则直白易懂，大约能猜到其原料及做法。但这种猜测却不能全中，比如你不吃辣椒，想着水煮应该很清淡，在川菜馆点一盆水煮鱼，定会让你瞠目结舌，不知如何下筷。到馆子里吃川菜，望、闻、问是最保险的点菜方式。

在重新整理这些文字的时候，突然接到一个电话，很陌生的声音，原来是一位素未谋面的厨师，他特意告诉我说，把鱼片洗干净后，用淘米水泡泡，也会增加鱼片的嫩度。我对这份热心的感动无以言表，定要用心试试。

所用料
Materials

· 草鱼700克
· 清油火锅料4汤匙
· 干辣椒10粒
· 大蒜5粒
· 生姜1块
· 油麦菜2棵
· 芹菜2根
· 青蒜苗4根
· 黄酒1/2汤匙
· 鸡蛋清1/2个
· 白胡椒粉1/3茶匙
· 白芝麻1/2汤匙
· 水淀粉适量
· 菜油适量
· 盐适量

这样做 Production Method

1. 将鱼剖开，洗净腹内异物和黑膜，切成片。

2. 用一个大容器，将鱼片反复漂洗至水清捞出。

3. 在鱼里加放适量盐、白胡椒粉、一点姜末、鸡蛋清充分抓匀后，入水淀粉抓匀，腌10分钟。

4. 把干辣椒切成段，生姜、大蒜切成片。

5. 青蒜苗洗净后切成段。

6. 芹菜和油麦菜洗净，摘成段。

7. 用油将油麦菜、芹菜、青蒜苗炒至断生后放入大碗中。

8. 另起锅放少许油，油热后加入火锅料、大蒜、生姜炒香。

9. 往锅内注入比容器略少的水或清汤，投入青蒜苗的梗。

10. 放入鱼头、鱼骨和适量盐熬5分钟。

11. 将鱼排和鱼头捞在有青菜的容器中，待锅内复开后，加入鱼片轻轻拨散，煮至断生。

12. 将鱼片捞出放在鱼骨上，把汤浇入大碗内。

13. 在大碗里放几片芹菜叶，中间放一点大蒜末、几段青蒜苗、白芝麻。

14. 锅内放4汤匙菜油，油热后加入花椒炸香后关火。

15. 把干辣椒放入锅中，用热油余温炸香。

16. 将辣椒热油从容器中间淋下去，即成。

TIPS

小贴士

❶ 如果用固体火锅料，冬天容易凝结，吃时最好用能加热保温的容器，比如干锅类。

❷ 垫底的蔬菜可以根据自己喜好加入。

❸ 炸香花椒后关火，再放入干辣椒，避免辣椒炸煳。

开胃回锅鱼

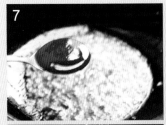

TIPS

小贴士

❶ 味汁的咸度要根据您用的酱油决定，辣椒的量可依照口味增减。

❷ 炒料水不要过多，会导致鱼块不脆。

❸ 鱼头可以用来煮豆腐汤。

所用料
Materials

· 草鱼650克
· 番茄酱（或地扪茄汁）2汤匙
· 味极鲜酱油2汤匙
· 长红泡椒3个
· 干淀粉适量
· 花生油适量
· 水淀粉2汤匙
· 生姜1块
· 大蒜2粒
· 香葱2根
· 料酒2茶匙
· 盐适量

这样做 Production Method

1 将鱼去头，剖腹，去掉肚子里的黑膜和内脏，洗净后横切成段。

2 将生姜切成姜末，香葱白和葱绿分别切成段，大蒜切成末，红泡椒切碎。

3 把鱼放入容器，加料酒、一小部分姜末、葱白、适量盐腌制10分钟。

4 让每个鱼块都均匀沾上干淀粉。

5 平底锅烧热，倒入比平时煎蛋多些的油，将鱼块以中小火慢煎成两面金黄色后捞出。

6 起炒锅，放入1汤匙花生油，油热后，中小火，加入泡椒、生姜、大蒜末炒香。

7 放入番茄酱（或地扪茄汁）炒上色。

8 在碗里加40毫升左右的水、水淀粉、酱油调成汁后倒入锅内。

9 继续中小火让汁水熬至亮色透明状。

10 加入煎好的鱼块，轻轻翻动，或推锅至鱼块均匀挂汁后，加入葱绿翻动两下，即成。

豆豉鲮鱼茄子煲

我极少见到鲜活的鲮鱼，但用它做的"豆豉鲮鱼罐头"大小超市都能见到，其口味也由原先的咸鲜扩展到了麻辣。未到南方前，即便在超市见到这类罐头，也没有买过尝鲜。

鲮鱼，也叫雪鲮、鲮鱼、土铃鱼，栖于南方水温较高的河流内，以藻类及水底腐殖质为食，多分布在珠江流域及海南岛。《本草求原》对鲮鱼的评价是，补中开胃，益气血，功近鲫鱼，性平，除阴虚咳嗽外，诸无所忌。对于发物，我还是相信确有这些个食物存在，我本身体质较热，一不小心，就会吃错了鱼肉，导致身体不适。对于"诸无所忌"，又十分美味的东西，我自是狂喜。

也不知是哪位美食烹饪高手，能想到把油炸的鲮鱼和豆豉结合起来，香与鲜，各为所用，互相渗透，使它在而今的鱼类罐头中，有举足轻重的地位。用油麦菜与鲮鱼罐头合炒，堪称完美搭配。南方的油麦菜，与川内的莴笋叶相似，但其叶子比莴笋叶光滑，吃上去也没有苦味。其实，好品种的莴笋叶也没有苦味，还带着清香，常见这里的超市把它称为"香麦"。上次去一个潮州馆吃砂锅粥，点了一份炒芥蓝。这份芥蓝与一般的炒法有所不同，每一根芥蓝都被均匀剖开，再配上豆豉鲮鱼大火快炒，吃起来香脆至极。

要说怎样能把四川的特产郫县豆瓣酱，与这香浓鲜美的豆豉鲮鱼扯上关系呢？那就得找个合适的对象来牵线搭桥。而茄子就能胜任这个角色。依照茄子的特性，它吸油吸味，对于豆瓣酱的香辣和豆豉鲮鱼的咸鲜，都来者不拒，还能在体内调节得恰到好处。做这种茄子，以砂锅煲熟，味道最为诱人。倘若只是油炒，甚至是在油非常少的情况之下，把茄子简单做成，即便已熟，吃起来也会干涩，不太入味。制作茄子过程中已经放了酱油、蚝油、豆瓣酱，一般无须另行放盐。也有很多厨师喜欢在炒茄子之前，用大油将其炸软。有人很害怕大油烹饪茄子对健康不利，但不要忽略它另一个特性，那就是如果油量足够，它会吐油。家庭炒制时，一方面用较充足的油，另一方面加些水淀粉，水淀粉不能太浓，使茄子有回软的效果为宜。

其实，美食为何物，没有真正的界定标准，说得高雅一些是"食无定味，适口者珍"，说得通俗一点，就是"萝卜青菜，各有所爱"。生活中，取一些自己喜欢的食材，借鉴别人优秀的经验，或者按自己的饮食习惯，利用它们各自的特性巧妙搭配，你会发现自己也有创造美食的禀赋，惊喜无处不在。

所用料
Materials

· 茄子300克
· 豆豉鲮鱼1条（罐装）
· 青椒2个
· 红椒2个
· 大蒜3粒
· 生姜1块
· 香葱1根
· 郫县豆瓣酱1汤匙
· 酱油1汤匙
· 蚝油1汤匙
· 水淀粉2汤匙
· 食用油适量

这样做　Production Method

1 将青红辣椒切成段，大蒜和生姜切成米，香葱切成葱花，鲮鱼撕成块。

2 将茄子洗净后切成条，然后泡在清水里。

3 起炒锅放油，油热后加入豆瓣酱炒至香酥。

4 放生姜、大蒜米、青红椒炒香。

5 加入鲮鱼块。

6 捞出茄子并挤出水，再放入锅内炒匀。

7 调入蚝油。

8 调入酱油炒至茄子发软。

9 淋入水淀粉，烧至汁水明亮。

10 将茄子移至炒锅内，加盖，用小火焖10分钟，上桌前撒上葱花，即成。

泡椒酥鲫鱼

鲫鱼，温补之物，属硬骨类鲤科，与鲤鱼有"亲戚关系"。鲤鱼刺少，但易发疾，每每食之，我就有皮肤瘙痒之症。据说鲫鱼也是发物，但是没有鲤鱼那样强烈。

鲫鱼不是身娇肉贵之物，有时还会在水田里出没，遇上秧田放水的日子，用大些的篓子之类，接在出水处，往往会收获几条野生鲫鱼。它们个头往往不大，剖腹洗净后，用少许油，先煎至表皮金黄，烹点黄酒，放块拍破的生姜，注水熬至汤色奶白。萝卜与鱼可谓绝配，汤汁清甜鲜美，因此萝卜丝鲫鱼汤很受众人喜爱。用泡姜泡萝卜烧鲫鱼汤，汤汁有点微酸小辣，妙不可言，很适宜食欲不佳者食用。

小鲫鱼细刺尤其多，红烧而食，考人耐性，食时最好不言，否则容易卡住喉咙。因此做红烧鲫鱼，我一般择大而用，但是安陆的白花菜烧鲫鱼除外，当地称鲫鱼为喜头鱼，煎好后加姜蒜与白花菜略烧，酸香入味，鲜美异常。何种鲫鱼品质最好呢？袁枚在《随园食单》里谈到，身形扁且带白色之鲫鱼，肉嫩且松；做熟了把鱼一提，鱼肉离骨而下。黑脊背身形浑圆，肉块僵硬，是鲫鱼中的怪种，绝不可食。

要说到煎鱼，我不算好手，常常让其皮开肉绽，这里很大一部分原因归结于我的性急，鱼下锅还没多久，就急于翻动。邓妈说，煎鱼贵在小火慢煎，一面煎好后再煎另一面，不要随意拨动。遇上铁锅，可在上面擦上一层姜汁，以避免鱼皮粘锅。我如此试了几次，大体上还算成功，仍需多加练习。碰上时间紧迫，在鱼身外扑一层干淀粉，三两下而就，身形完好，很适宜厨房新手。

有人说，鲫鱼唯清蒸最美，我却以为清蒸还属鲈鱼等刺少者为宜。鱼冷则腥，清蒸鱼本来放料就少，等你一根根把鲫鱼细刺慢慢理出来，美味也就逐渐丧失，到最后一筷子，怕也是鲜少腥多了。然而，人各有好，对味之法最为可取。

不但小孩怕吃鲫鱼，大人也有些恐惧那些聚密的细刺。但是他们又深知鲫鱼有营养，因此，用小鲫鱼做汤最多。如果将小鲫鱼用七八成热宽油中小火炸至鱼骨酥脆之后，再炒香姜蒜泡椒，加少量汁水、酱油、一点醪糟略烧，放入炸好的鲫鱼，快收汁时调入水淀粉，加入香葱，起锅前淋点红油，那也是不可多得的好饮食，细刺完全与肉融为一体，香辣入味，也不用担心被刺到喉咙。怎样判断鱼炸酥脆呢？就是炸好晾凉后，鱼身直挺，鱼鳍一掰就碎，四川话叫作炸"qiao（二声）"了。这样做的鱼甚香，抛开营养理论，偶尔吃吃应无大碍。

所用料
Materials

· 小鲫鱼4条
· 泡椒（酸）4个
· 生姜1块
· 大蒜3粒
· 香葱2根
· 酱油1汤匙
· 醪糟1汤匙
· 醋少许
· 食用油少许
· 水淀粉少许
· 红油（辣椒油）
  1汤匙

这样做 Production Method

1. 将姜、蒜切成末，香葱切成葱花。
2. 泡辣椒剁碎。
3. 剖腹的鲫鱼，去掉腹部黑膜洗净异物。
4. 在鱼身轻轻划一字花刀，用少许醋抹匀。
5. 锅内烧宽油至八成热，将鲫鱼一条条放入以中小火温油炸制。
6. 捞出控油。
7. 锅内留底油，炒香姜蒜。
8. 加入碎泡椒炒香。
9. 注入能没住鱼身的水。
10. 调点酱油。
11. 放入鱼。
12. 烹入黄酒。
13. 放一勺醪糟后微微推锅，小火烧鱼。
14. 鱼一面烧入味后，轻轻翻到另一面再烧，快收汁时，调入薄水淀粉。
15. 加入葱花。
16. 淋入红油，推匀起锅。

TIPS

小贴士

❶ 炸鱼前，可在鱼身上抹点醋，可使鱼骨软化，更易炸脆，但不能多，避免鱼变酸。

❷ 加水淀粉是为了使汁水贴在鱼身上，不喜欢则省略此步骤。

❸ 炸鱼一定要中小火温油，慢慢浸炸，以免鱼骨未酥，身子已经炸煳。

酸菜鱼

当年，达州曾掀起一阵鱼头火锅风，鱼头论斤两称，腌好后放入火锅汤底里烫食，配以加了干黄豆的碟子蘸食。基本上，我能够控制食量，但碰上火锅，往往一败涂地，对于烫粉丝、冻豆腐、冬瓜、豆皮之类素菜，我一吃起来，往往感觉肚子像无底大海，食量惊人。

洲河渔翁，专门做鱼肉火锅，从廉价的白鲢到贵一些的黄辣丁，也是论斤两，现称现杀，我以为，这一系列中，要数吃紫鲢最胜，大小适合，肉质细嫩，刺少入味。自从打击地沟油以来，各家火锅店的锅底价格飙升，这家店的每个锅底也到了40元左右。于是，我便时常看到有人吃鱼火锅，连锅底也打包回家，老板有些不悦，但付了钱，即为消费者所有，怎么处理只好悉听尊便。川人好面子，以前点一桌子菜，有的没动过筷子，也原封不动地留在店里，即使心里觉得可惜，也不会有打包回家的念头。慢慢地，人们接受了节约好风尚，也习惯打包，越来越低碳环保了。

家里吃得最多的是鲫鱼、草鱼和鲈鱼，鲫鱼加萝卜做汤，草鱼加酸菜、泡姜，里面放些野山椒，做成酸菜鱼，汤里透着微酸小辣，比起红艳妖冶的水煮鱼，招更多人喜爱。鲈鱼直接清蒸，细嫩鲜美，是很健康的吃法。我的身体不能接受非洲鲫鱼，也就是福寿鱼，吃了以后全身起疙瘩。据说福寿鱼生长环境很差，我对它不闻不问，时日已久。

做酸菜鱼时，鱼片定要去尽黑膜和附着的内脏，还应漂洗白净。用料以重庆或四川产的酸菜为宜，如果家里没有泡菜坛，要注意料包上的配料表，写着有泡姜最佳。我吃过最好味道的酸菜，为邓仕老坛鱼酸菜，其味酸咸合适，香脆可口，还配有泡姜。酸菜在炒后还应熬煮几分钟，使其浸出盐味，再视情况放盐，否则容易出现越吃越咸的现象。将鱼片煮熟再盛入器皿不能算作大功告成，在鱼片上另行放上蒜米、花椒、葱花、香菜、白芝麻，再淋以热油，你崇尚美食的精神才能被完全肯定。

以前在家买食材时，我最爱去那家有小朋友的鱼铺。每到周末，他总是早早地起床，帮父母抓鱼，称重，无论天寒地冻，都是如此。他的小手冻得像红红的萝卜，我的心里一阵酸楚。有一次，我禁不住问他，你快乐吗？他以天真的眼神，反问我说，为什么不快乐？是啊，我突然想到《庄子·秋水》有这样一句话：子非鱼，安知鱼之乐？

所用料
Materials

· 草鱼800克
· 鱼酸菜1袋（250克）
· 生姜1小块
· 大蒜6粒
· 黄酒1/2汤匙
· 白胡椒粉1/3茶匙
· 鸡蛋清1/2个
· 生粉1/3汤匙
· 野山椒5个
· 干辣椒4个
· 花椒10粒
· 香菜1根
· 白芝麻1/2汤匙
· 香葱2根
· 食用油适量
· 鸡精适量

这样做 Production Method

1 将杀好的鱼，去尽黑膜和内脏，去骨，切成片。

2 反复冲洗，至水清澈后沥出来。

3 加入盐、胡椒粉、姜丝，充分抓匀。

4 放半个鸡蛋清、生粉抓匀，腌15分钟左右，至鱼入味。

5 酸菜切细段，生姜切片，一部分大蒜切成片，野山椒切破。

6 干辣椒切成段，香葱绿切成丝，另一部分大蒜切成米，香菜洗净摘成段。

7 起锅，放少量油，将生姜大蒜片、葱白、野山椒炒香。

8 放入酸菜炒香。

9 放入鱼头炒香。

10 注入水，加入鱼骨及鱼尾熬出香味，尝一下决定是否放盐。

11 用漏勺将食材全数捞在大碗底。

12 在碗中加一点鸡精。

13 水复开后用大火，放入鱼片，用筷子轻轻拨散，煮断生。

14 捞在有酸菜的大碗内，浇上汤汁。

15 在鱼上放大蒜米、花椒、干辣椒、葱丝、白芝麻、香菜。

16 锅内烧大半勺热油，淋在调料上，即成。

PART

鲜香小炒

豆豉辣椒荷包蛋

以前家里一直买鸡蛋食用，发现普通鸡蛋越来越寡味，而正宗土鸡蛋，价格不菲，大约15元左右一斤。自从父亲在负一楼养了几只母鸡后，不买蛋时日已久。负一楼连着一片小山坡，父亲最开始播了些青菜种子，外加一些芫荽和葱蒜，以供自己食用。但自从养了鸡后，那点菜地，变成了它们的乐园。每天早早地起了床，七八只鸡排队似的，走进地里，悠闲地觅食。

青菜还没成形，就被它们啄得面目全非，我们再也没有吃到过自种的青菜。这点儿遗憾，比起捡鸡蛋时的喜悦，又显得那样渺小。每天早上，我去给鸡喂食，都会在它们自找的小窝里捡几个蛋，直到有一次两三天都没见到鸡蛋的影子。我心想，难道是被老鼠给拖走了吗？四处搜寻，发现它们在墙角一个柱子底下又寻了新窝，嘿，五六个蛋在窝里完好地摆放着呢。

蒸水蛋，对于家庭来说，算是最简易方便的一个菜。把鸡蛋打好，以蛋水1∶1.5的比例调配，加少许黄酒和盐，充分打匀，就可以入锅蒸。蒸鸡蛋，盖子不宜过严，火也不能太大，以免出现蜂窝状。另一种保持嫩滑的方法，就是在蒸之前，用耐高温的保鲜膜将碗包住，零散地用牙签扎几个小洞，放入锅中盖严了蒸。在电饭锅里煮了饭，在蒸格里蒸上这样一碗鸡蛋，饭熟蛋成，很低碳也十分便捷。

最有农家风味的鸡蛋做法，莫过豆豉辣椒炒荷包蛋。它源于湘菜，主要以浏阳豆豉、湖南椒与切好的煎蛋块同炒，使普通的煎蛋产生香辣浑厚的口感。鸡蛋定要煎全熟，那种溏心蛋不但影响成菜的形象，吃上去还少了熟蛋黄的香糯。炒蛋不宜放味精，但可以略为烹几滴酱油，让其润泽入味。能吃辣者，在加入蛋前，把姜、蒜、辣椒加少许盐炒香，用这豉香味浓的辣椒下饭，也极为过瘾。

有鸡蛋的日子，是幸福的。在那些艰辛岁月，逢上客人到家，煮一碗荷包蛋奉上，是很高的礼遇。把鸡蛋染成红色，送给坐月子的母亲，这种习俗迄今还在一些地方留存。古朴的篮子里，满眼是妖娆的红，连日子都被染上了喜庆的色彩。或许是从红蛋产生的灵感，不知从何时起，流行着蛋壳彩绘艺术。那些能工巧匠们，在蛋壳外面用彩粉画着自己喜欢的图案，除了花鸟虫鱼这种国画风，也可以是俏皮时髦的卡通人物。这个蛋，不仅指鸡所生，鸭、鹅、鸽子等所生的蛋也可以作为材料。很多时候，蛋壳上乍看是简简单单几个图案，细品时，会发现其意境无限深远，如同包罗一个世界。

所用料
Materials

- 鸡蛋4个
- 豆豉1汤匙
- 青椒3个
- 小米椒3个
- 大蒜2粒
- 生姜少许
- 酱油1/2汤匙
- 盐少许
- 花生油少许

这样做　Production Method

1　将辣椒洗净，切成段，姜切末，蒜切片。

2　锅烧热，放油，打入鸡蛋，两面煎熟透。

3　逐一煎好。

4　把煎好的蛋，切成小块。

5　锅内放少许油，加入姜蒜、豆豉炒香。

6　放入辣椒。

7　加入少许盐，炒香。

8　放入切好的煎蛋。

9　放一点酱油翻炒，使鸡蛋滋润入味，即成。

麻婆豆腐

坊间有一个笑话，说是做豆腐生意不怕亏本，水多是嫩豆腐，水少成老豆腐；做干了成豆腐干，做稀了是豆腐花；生霉做成豆腐乳，变臭了还能做成臭豆腐；当然，还有大家日常饮用的豆浆。其实，这每一种由大豆演变的食物，都有自己的加工程序，并非随心所欲而成，特别是川东地区吃上去细滑又带着卤香的豆腐干，作坊里没有几个锅炉，满足不了批量生产的需要。既然是笑话，我们就姑且当乐子，笑上一笑，除却一时烦恼。

对于做豆腐模糊的印象，只停留在幼时。老牛拉着石磨，奶奶一勺勺地边把泡好的豆子放进磨孔，边浇一些水。石磨下面放着一个木桶，莹润的乳白色的豆浆线时而粗，时而细，缓缓地流进桶里。想吃到无渣的豆腐，要把豆浆放在大锅里熬开后停火过滤。奶奶在房梁上搭了一根粗绳，下面吊着由大纱布四角扎着临时做成漏兜的十字摇架。把豆浆舀进漏兜里，手扶着摇架上下左右摇晃，细匀的豆浆便流到底下的桶里。豆腐渣被隔离在漏兜里，用它来蒸肥肠很可口，炕干后加泡椒素炒，拌饭也有好味道。剩下的过程就是在大锅里点卤水，当豆浆分离为水和豆腐花的时候，就可以压豆腐了。我从未做过豆腐，因为我当时没有机会看奶奶如何压豆腐，因此我了解的工序不全，也算是一个遗憾吧。做豆腐的回忆仅那么一些，却那样深刻地珍藏在我心里，奶奶随着摇架晃动的身影始终在记忆里闪动，一起一落间，她的青丝变成了白发，岁月催人老啊！

豆腐是随和的主，任由我们安排利用，味道各有千秋。而印象最深的恐怕要数麻婆豆腐。麻婆豆腐的特色在于麻、辣、烫、香、酥、嫩、鲜、活，是深受大家喜好的一道菜。做一盘地道的麻婆豆腐，选嫩豆腐，用牛肉做馅很关键，还要选用上好的花椒，最好是现打成细粉，洒在成菜上。当然，也可以用现成的花椒粉，但是如果包装开封太久，建议不要使用，这样麻香不足，还会有苦涩的木渣味。做好这道菜，也不要怕麻烦，将豆瓣酱和豆豉剁细，吃起来不会牵牵绊绊，能使成菜更入味，也更美观。豆腐汆水不能太久，再次水滚几秒后就捞出，不然豆腐吃起来就不鲜了，不鲜，也就少了一丝真味，麻婆豆腐的风味也会打些折扣。牛肉提前炒后盛出来，最后在下蒜苗的时候入锅，如果同豆腐烧太久，就比较柴，吃起来没有香酥之感。收尾时，不要等到红油完全亮出来才关火，等油和芡汁水乳交融的时候关火比较合适。

所用料
Materials

- 嫩豆腐2块
- 黄牛肉50克
- 郫县豆瓣酱2汤匙（平）
- 永川豆豉1汤匙
- 生姜2小片
- 大蒜1粒
- 青蒜苗2根
- 鲜汤水淀粉2汤匙
- 花生油少许
- 盐适量
- 酱油2茶匙
- 辣椒粉1茶匙
- 卜好花椒粉半茶匙
- 鸡粉半茶匙

这样做 Production Method

1 将花椒放入料理机内磨成细粉。

2 把干辣椒段或粗辣椒粉磨成细粉。

3 将牛肉洗净后切成粒，加几滴花生油稍腌。

4 将豆腐切成丁，入滚水锅里，加少许盐余水后捞出沥干。

5 将豆豉和豆瓣酱切细。

6 将青蒜苗切成短马耳朵形，生姜、大蒜切成末。

7 锅内放少许油，将牛肉粒炒酥后盛起。

8 再往锅里注入2汤匙油，用中火将豆瓣酱炒成亮红色时，放豆豉和1茶匙辣椒面、生姜大蒜末炒香。

9 往锅内注入与豆腐齐平的鲜汤，加入豆腐煮透。

10 加入酱油，往锅内第一次倒入1汤匙水淀粉推匀，略烧。

11 加入牛肉粒和青蒜苗，以及鸡粉，烧至蒜苗出香断生。

12 第二次加入1汤匙水淀粉，推匀亮色。起锅装盘，在表面撒一些花椒粉即可。

蚂蚁上树

蚂蚁上树这道菜流传已久，据说与元代剧作家关汉卿笔下的窦娥有关。蚂蚁上树叫得雅致，也很含蓄，一提及便想到一幅生动的画面，却不易想到这菜的主料。肉末粉丝或者碎肉粉丝，是最直观的叫法。

蚂蚁上树看似简单，实则很讲究火候的拿捏。粉丝入锅内炸制一定要迅速，视其膨胀开花，便要翻面，炸到同样程度就即刻捞出。最后烧制时，不要急于铲动，一面烧透，翻到另一面烧透，粉丝还原即可，汁也不宜收得过干，因为粉丝有很强的吸附能力，待到完全收干，粉条便易糊烂。

粉丝的原料有豌豆、红苕、绿豆几种。凉拌用豌豆粉丝，吃火锅宜吃红苕粉丝，而做肉末粉丝，绿豆粉丝最佳。绿豆粉丝不浑不浊，也不结成团，是做好这道菜的关键之一。炸粉丝，一般为饭店做法，如此做出来的粉丝吃上去更加绵软有弹性。然而，家庭制作，将粉丝用宽水浸泡个三四小时，用来烧制是不难的事情。我想，最原始的蚂蚁上树，其粉丝也应该是浸泡而成，而不是用大油来炸。当时，窦娥因家境困难，给不上肉钱，肉铺老板赊她一小块。她拿回家，一时想不出那点肉如何做成一道菜，突然灵机一动，取了家里的粉条浸泡，把肉切成了末，再加调料炒香，与粉丝一同烧制，深得婆婆赞许，据其形貌，还取了"蚂蚁上树"这个名字。

历史上没有记载关汉卿是美食家，但他至少应该是懂得吃的。粉丝的解腻效果甚好，它能充分吸收肉的油渍，再加上调料之间的相互融合，不好吃都难。湘菜里更是有一道特别的创新菜，原料里备有真正的黑蚁，一只一只附着在粉丝上，生动活现。如此做法，档次立即提升不少，蚂蚁上树这道菜也就飞离了寻常百姓家，那种家常的温暖味道，也随之荡然无存，特别胆小者，估计还会望而却步。

蚂蚁上树，在我的读书时代，算是同学们眼中的米饭杀手之一，另一道菜是用泡豇豆做的碎米肉。无论男女同学，每到食堂点此菜，打的米饭虽是以前相同的量，每次吃完之后，总感觉只有七分饱。男同学多有去添米饭的情况，女同学怕长胖就只好忍着不吃，过后还得用水果、零食来代替饭食。

儿时，大人们总逗小孩"喝粉汤"，其实就是表扬的意思。为什么把表扬比喻为一种食物呢？大约是因为喝到粉汤的感觉与受表扬的时那种喜悦的心境相同吧。粉丝，在不经意间成为老百姓心中那千丝万缕的幸福情结。

所用料
Materials

· 绿豆粉丝100克
· 猪瘦肉150克
· 大蒜3粒
· 生姜1小块
· 香葱2根
· 郫县豆瓣酱2汤匙
· 酱油1汤匙
· 鸡粉半茶匙
· 黄酒1茶匙
· 花生油少许

1

2

3

这样做 Production Method

1 将粉丝提前浸泡三四个小时。

2 猪肉切成末。

3 加黄酒拌匀后再放3茶匙花生油把肉末浸住。

4 郫县豆瓣酱剁细，生姜、大蒜切成末，香葱切成花。

5 冷锅温油（3汤匙），将肉末炒散至水干。

6 把肉末推到锅沿，加入豆瓣酱炒至吐油。

7 放姜、蒜炒香，再把肉末推下一起合炒。

8 往锅内注入能没住粉丝大半的水。

9 调入酱油。

10 调入鸡粉烧开。

11 加入粉丝，中小火烧制。一面烧透后，再翻动烧另一面。

12 待锅内汁水快干时，放入葱花推匀，即成。

TIPS

小贴士

酱油和豆瓣酱有咸味，如果要另行放盐一定要谨慎。

农家烧豆腐

据《南齐书·周颙传》说，"颙清贫寡欲，终日长蔬食。文惠太子问颙菜食何味最胜，颙曰，春初早韭，秋末晚菘。"春初的韭菜好吃，秋末的白菜味佳，吃的是正当季节，蔬菜以时令为宜。

"芽韭交春色半黄，锦衣桥畔价偏昂。"春韭，尤其是头茬儿韭菜，特别鲜香娇嫩。用来炒鸡蛋，做韭菜合子，香味浓郁，让人垂涎。炒韭菜，要急火快炒，动作稍慢，时间太长，韭菜就会变软，从豆蔻少女变成暮日老妪。韭菜单独炒制，从热油下锅，到起锅装盘，约10秒左右。川人好麻辣，炒韭菜时加些辣椒粉和花椒粉，烈性之下渗透着香嫩，如英雄遇上美人，也能成为珠联璧合的一对。如若与其他菜合炒，一般要先炒他物，最后放韭菜，才不失韭菜之形味。

《大佛顶首楞严经》里讲到五辛，指大蒜、小蒜、葱、韭菜、兴蕖。兴蕖，就是现在的洋葱。五辛生吃易动肝火，熟食让身体发热，增加人体的荷尔蒙，易让人动心念，干扰佛家清修。因此，为佛殿庵堂所忌。尤其是韭菜，温中下气，补肾益阳，被民间称起阳草，僧尼人众不可食。当然，这是过去修佛之人的禁忌。

用韭菜做酱汁，比葱来得更浓烈。早些年在农村吃自家做的米豆腐，一般现蒸现吃，佐以自酿的豆瓣酱或者辣椒面加些盐配上韭菜碎，烧热油一淋，香气四溢，用来蘸热米豆腐，仿佛就是人间至味。如果吃腻了蒜泥白肉，用韭汁代替，也别有一番滋味在心头。

安陆乡下酒席，一般以酱菜为尾菜，诸如酱豆、酱豆腐、腌韭菜之类。韭菜腌之前先要平铺晾晒，待其将干末干时，加盐腌制入味，吃起来爽脆下饭，唇齿留香。

秋韭其实也美味，数夏韭最老。如今一年四季都有韭菜占据商家的摊位，与姜、葱有不解之缘，虽不能在一窝泥土里倾听彼此的呼吸，却在成熟后朝朝暮暮，相濡以沫，也难能可贵。很多时候，我们都只为了吃而吃，也无心去研究哪些菜正当时令，对于老祖宗留下的耕种之法，更是一窍不通。终因心被物役，性为心迷，恍恍然不知所之，茫茫然不知所终。

所用料
Materials

· 豆腐2块
· 韭菜半把
· 青椒2个
· 红椒2个
· 大蒜3粒
· 生姜少许
· 酱油1汤匙
· 蚝油1汤匙
· 盐少许
· 食用油少许

这样做 Production Method

1 将豆腐切成厚片。

2 青椒切成圈，姜、蒜切成末。

3 韭菜洗净后切成段。

4 锅里放宽油，油热后用中小火将豆腐入锅中炸。

5 待豆腐表面金黄时，捞出滤油。

6 锅里留底油，将姜、蒜末炒香。

7 加入青红椒炒香。

8 放入炸好的豆腐。

9 加入蚝油。

10 调入酱油后翻炒豆腐至入味。

11 放入韭菜。

12 调入适量盐，急火快炒10秒左右出锅。

TIPS

小贴士

❶ 豆腐老嫩都行，以老豆腐为佳，可在炸之前扑一层干淀粉。

❷ 如果底油少，可在下入豆腐时烹少许水，易使豆腐入味。

攸县香干炒肉

所用料
Materials

· 猪肉250克
· 攸县香干3个
· 红辣椒3个
· 香葱3根
· 大蒜3粒
· 生姜1块
· 郫县豆瓣酱半汤匙
· 老干妈豆豉半汤匙
· 一品鲜酱油1.5汤匙
· 料酒3茶匙
· 鸡粉半茶匙
· 花生油少许

这样做　Production Method

1　将猪肉洗净去皮后切成薄片，用料酒、半汤匙酱油腌制。
2　将红辣椒斜切成马耳朵形，葱白和葱绿分别切成长段，生姜切丝，大蒜切片。
3　把豆腐干切成片。
4　炒锅放少量油，将猪肉炒至吐油变色。
5　加入豆瓣酱和老干妈豆豉、生姜炒至油红酱酥。
6　把红辣椒、大蒜、葱白段放入翻炒出香味。
7　加入豆腐干炒均匀。
8　倒入1汤匙酱油、半茶匙鸡粉翻炒入味。
9　投入葱绿段，翻炒两三下关火即成。

TIPS

小贴士

❶ 由于豆瓣酱和老干妈、酱油有咸味，酌情添加食盐。

❷ 可以不去猪皮。

蒸肉粉炒蛋

将鸡蛋列入过敏食物之列，的确有一定道理。我便是这种过敏体质，倘若每天吃上一颗鸡蛋，三五日之内，必定脸上长满痘痘，又痛又痒。淋巴结发炎，已经很长一段时间，吃了医生开的药，也不见断根。母亲寄来一包藤，说是每日取两个鸡蛋与其同煮一个多小时，然后剥皮而食。这是民间偏方，据说治好了许多人。至此，我每日煮了鸡蛋，心惊胆战地吃着，持续了半个多月，淋巴结有些好转，而且也没有过敏现象，但依然没有根除我的毛病，也不知是剂量的问题，还是食用不太规范。

各类做法中，糖煮荷包蛋，吃上一个，可以当一次正餐。咸味蒸水蛋，滑嫩不腻。蒸好的水蛋，不冒热气，很容易被烫。小时听母亲讲过一个真实的笑话，一位上了年纪的李大叔去朋友家里做客，那时候国内生活情况刚刚好转，主人家招待客人，就蒸了几个鸡蛋。鸡蛋一端上来，李大叔就舀了一勺在嘴里，顿时好似喉咙哽咽，眼泪翻滚。主人问他出了什么事，他又不好意思明说，摇摇头道："想起那些年灾荒的日子，我眼泪一闷就出来了（一下流出来的意思）。"被蛋烫的滋味我尝过，似在食道里沸腾地翻滚灼烧着。虽然没经历那些困苦的岁月，但在爷爷身上，我倒能找到一些影子。现在日子终归是好了，爷爷却辞世多年，不提也罢，说着说着，我的泪水也快决堤了。

大约六年前，在天河区的泽湘楼，吃过一道双椒炒荷包蛋，其法为将鸡蛋煎过之后，佐以湖南椒和野山椒等料同炒，酸辣开胃，风味十足。现在又看到许多人用豆豉和辣椒炒制，豉香味浓，很有农家特色。

有人说挑鸡蛋，要对着光照，蛋壳越厚，越新鲜，如果透光，怕是放置时间太长了。我一般采取另一种方法，就是将鸡蛋拿在手上摇晃，如果有响动，表明蛋黄已散，鸡蛋放置时间过长。

自从生病，总担心是否得了大病，每个月总会有那么一天去医院，全身上下，里里外外几乎查了个遍，也还算是身体健康。或许是心理阴影，每次我微微一试辛辣之菜，都会感觉脖子不适，正如这个加了香料和剁椒的蒸肉粉炒蛋，我尝了两口，总觉得它坏了大事，脖子又隐隐作痛呢。

所用料
Materials

· 五香蒸肉米粉100克
· 糯米粉50克
· 鸡蛋3个
· 剁椒1汤匙
· 酱油1/2汤匙
· 蒜蓉1/3汤匙
· 黄酒1茶匙
· 香醋适量
· 花生油少许

这样做 Production Method

1 取五香蒸肉米粉和糯米粉混合。

2 把二粉（五香蒸肉米粉、糯米粉）入净锅里，用小火炒，不停铲动。

3 待二粉泛黄时盛出。

4 在二粉里加入酱油、剁椒、蒜米、香醋以及一点清水，使二粉打湿。

5 把手洗净，将二粉与调料搓匀。

6 把米粉薄薄地铺在碗里，入蒸锅中火蒸15分钟至熟透。

7 取出米粉、晾凉后，捏散。

8 取鸡蛋，加黄酒打散。

9 锅里放油，将鸡蛋炒成蛋花后盛出。

10 放少许油，炒匀米粉。

11 加入蛋花。

12 用铲子不停铲压，使米粉与蛋花充分和匀，即成。

TIPS

小贴士

❶ 炒二粉要用小火。

❷ 二粉内不可加水太多，能均匀打湿就行。

PART

爽心凉菜

陈醋花生

花生，也叫落花生，俗称"长生果"，还有很多地方保留着以花生来预示多子多孙、幸福美满的婚礼习俗。据说，花生原产于南美洲，在秘鲁沿海地带的史前废墟中，发现大量古代花生，可追溯到至少公元前500年。花生在全世界种植分布甚广，是优质食用油的原料之一。

花生跟人的生活息息相关，似乎与男人更有剪不断的情缘，酌杯小酒，来碟花生米，所有爱恨情仇瞬间消散。这时，他会深深地感觉到，花生米的香酥在舌尖上与酒精相互碰撞，宛如聆听着一场铿锵的交响乐。

跟四川相比，我见到湖北种植的花生粒更大，产量也高，邓妈以前每年都要种上一些。知道我们爱吃花生，每次放假探亲，都要让我们背到深圳好几袋。背回来的花生，要防止潮湿生霉，取干净干燥的大玻璃瓶密封装置是不错的办法。

得到的花生量多，吃的花样也要变化，炒、炖、炸变换。只是到了夏季，食用油炸食品容易上火，尤其像南方的天气，一不小心就会导致咽喉不适，痘痘频现。如果还是想吃，可以在炒熟之后加点香醋，既能解腻也可以中和油炸的高热量，再配上一点洋葱与香芹，有着特别的清香之味，不只是男士的下酒好菜，连女性吃起来也很可口。

用大锅的热油，倒入花生米，噼噼啪啪地炸得变色香酥，这是店家一般的做法。自己在家做，可以选择油炒的方式，既不用担心剩下的油不知如何处理，也不怕一次炸得太多不好保存。当然，一次性炸上一两斤然后密封保存，想吃的时候取一点儿，也是极为便利的。

炒花生米，选用的油很重要，不能用猪油，若天冷会导致脂肪凝结。也不能用菜子油，因为菜子油冷油炒制会产生有毒成分，且有异味，等油烧热之后再放花生米，油温太高，又会导致花生米外煳里不脆。用花生油类植物油最佳，热锅冷油将花生米下锅，并用铲子不停地均匀铲动，等你听到有"噼噼啪啪"的响声，花生米碰到锅壁时声音清脆，且表皮变色时，便可以关火，盛入平盘里散热。如果能滴几滴白酒拌匀，可以增加花生米的脆感。随着余热，花生米的颜色会进一步变深，慢慢冷却之后，就成了佐酒的好伴侣了。

对于大部人而言，回到家里，吃着家常便饭，酌一口小酒，再吃上几颗酥脆的花生米，什么权贵荣华都抛之脑后，独剩最纯粹的自我，在朴实的生活里徜徉。

所用料
Materials

· 花生米100克
· 陈醋3汤匙
· 香芹1根
· 洋葱半个
· 花生油3汤匙
· 白酒3滴
· 李锦记酱油2汤匙
· 糖半汤匙
· 盐适量

这样做　Production Method

1　将洋葱和香芹洗净沥干水，然后切成细粒。

2　将净锅烧热，然后倒入花生油与花生米。

3　不断均匀地铲动，直到花生米碰到锅壁时声音清脆，发出叭叭的响声，且表皮变色时关火。

4　将花生米快速盛入平盘，滴几滴白酒拌匀后散热。

5　取一碗，将陈醋、酱油、盐、糖拌成味汁。

6　待花生米彻底冷却后，放入芹菜、洋葱粒，再倒入味汁拌匀，略泡几分钟就成。

脆皮蘸水豆腐

孩提时，总觉得饭菜都是人家屋里的香，走亲戚时往往贪嘴一些，但又要顾及礼节，对于肚里那丝丝的欠缺，会产生一阵小小的惋惜，然而很快又会被别的事情代替，比如说游戏、玩乐等。

我母亲年轻时特别勤劳，每日必定起早为我们做早餐，但大多都是稀饭、面条之类，现在还有长者来我家，对她做的面条念念不忘，一再好评。但彼时，我们吃得久了也就觉得腻味，有时特别希望哪天她能睡过头，给我们一点早饭钱，打发我们到外面吃。

配有韭菜和肉馅的炸油菜角，是我们很爱的东西，外脆里糯，韭香浓郁，缺点是吃了口气大不说，由于过于油腻，常常导致整个上午昏昏欲睡，学习状态不佳。后来我们就改为吃豆花。四川吃豆花的习惯有所不同，基本上爱吃咸口，还要佐以辣椒油、酱油、葱花之类。颤巍巍地将豆花送进嘴里，随之而来的嫩滑与香辣又让你忘却了刚才起勺的紧张，心房打开了，舌尖宛如沐浴在春雨之中，偶尔出现的油酥黄豆是一树一树的花开，不知不觉间，让整个春天都进驻在你心里。

豆腐是智慧的产物，相传是由汉高祖刘邦之孙、喜欢炼丹的淮南王刘安所发明，至今已有两千多年历史。而我幼时并不理解这些智慧，不习惯那浓烈的豆腥气，吃上两块就会觉得脑袋发晕，也不爱喝豆浆。而现在，我几日不吃豆腐，内心就会感觉些许的空虚，我时常想，上辈子我是否出家为尼又或为僧？

尼和僧可以不食肉，但豆类不可或缺，因为它的营养价值极高。比较高级的斋菜，往往在造型和味道方面有仿真效果。有一道石宝蒸豆腐，为重庆市忠县石宝寨寺庙的斋菜，大概是把豆腐块油炸后，加以跟做粉蒸肉类似的调味料，进行蒸制，视觉效果跟粉蒸肉极为相似，不尝难辨其真假。

蘸水豆腐的"蘸"字极有趣，能让吃也变得生动起来。对面的王表叔，经常把买来的豆腐，大块掰开后用白水煮透，蘸以油盐酱醋、大蒜、辣椒油、花椒油做成的味碟。另一种蘸水豆腐，吃起来外脆里嫩，香味浓郁。将豆腐切成块，裹上干淀粉，在平底锅里以中小火，半煎半炸成金黄色后捞出，趁热蘸着味碟吃。热吃豆腐要配上热酱，用少许油将生姜、大蒜米、小米椒炒香，加少许清汤或清水、鲜味酱油烧开后，放入韭菜碎做成味汁。豆腐不宜与葱花同食，但与韭菜一起能产生强烈的共鸣，碰撞出绚烂的火花。这里面的小米椒，亦可换作拌饭酱、老干妈、辣椒油，又别有一番风味。

所用料 Materials

· 北豆腐400克
· 韭菜2根
· 鲜汤3汤匙
  （可用清水代替）
· 酱油1汤匙
· 生姜少许
· 大蒜1瓣
· 拌饭酱1大匙
· 干淀粉少许
· 花生油少许

这样做　Production Method

1　生姜、大蒜切成末，韭菜洗净后切成韭菜花。

2　豆腐切厚片。

3　淡盐水烧滚，放入豆腐汆一下，小心地捞出沥水（亦可省略此步骤）。

4　在每个豆腐片上裹上干淀粉。

5　平底锅倒比平时煎东西更多一些的油，温后放入豆腐，以中小火半煎半炸。

6　待两面金黄，表皮脆后夹出。

7　锅内倒少许油，热后小火，放姜、蒜末炒香。

8　加入酱油。

9　倒入少许清汤或者清水烧开。

10　下韭菜花，复开后关火。

11　把汁盛入碗或者碟中，加入拌饭酱搅匀（尝试是否放盐）。

12　豆腐和味汁一同上桌，趁热享用。

豆豉鲮鱼蒸水蛋

这样做 Production Method

1 将鲮鱼切成细块，葱绿切成葱花。

2 在鸡蛋里加入黄酒，充分打散。

3 把一半鲮鱼放入蛋液中，加入适量盐拌匀。

4 加入温开水、盐，充分打匀。

5 将蒸锅水烧开，放入蛋液，加盖用中小火蒸。

6 3分钟左右用筷子插插碗底，待上层凝固时，加入另一半豆豉鲮鱼蒸3分钟左右至熟，上桌前撒上葱花。

1　2　3
4　5　6

所用料
Materials

· 鸡蛋3个
· 豆豉鲮鱼1条
· 葱绿1根
· 温开水适量
· 黄酒1茶匙
· 盐适量

TIPS

小贴士

❶ 在打鸡蛋时加点黄酒，去腥增香。鸡蛋与水的比例以1:1.5为宜。

❷ 蒸锅水开后，要尽量用小火蒸制，或者把盖子留个缝隙，这样蛋才不易呈蜂窝状。

❸ 碗底厚的话，应延长蒸的时间。

剁椒拌皮蛋

皮蛋，最初叫"变蛋"，在制作时，因所用炭灰的不同，鸭蛋内产生的化学变化不一样，最后形成的皮蛋也就不同。虽然现在叫"松花皮蛋"的产品很多，但是拨开壳后，有松花纹的极少。论品质，皮蛋和鸭蛋，都属高邮的质量较好。

年少时不爱吃皮蛋，受不了那股浓烈的腥气，连洗碗的时候闻到盘上沾着的蛋黄都想呕吐，每每都要屏息凝气，快速地将它先洗干净。其实这一点也不夸张，年幼的我，总是对非正常口味不能适应。而随着年岁增长，也就慢慢地转变过来，后来，对这种有着特殊味道的东西保留着一份喜爱。或许，经历风雨后的我们，已经逐渐形成了某种适应能力。

皮蛋究竟是何味道，那得看你买到的皮蛋如何，有的皮蛋碱性较重，吃上去有麻舌之感，有的刚巧合适，就细嫩香滑，还常见到一种拨开壳后，里面全为稀黄，数这种味道最差。

《医林纂要》记载，皮蛋"能泻肺热、醒酒、去大肠火、治泻痢。能散、能敛，坊间常用来治疗咽喉痛，咽疗，声音嘶哑，便秘"。但因含铅较重，不可多食，尤其是少儿，脾阳不足、寒湿下痢者，心血管病、肝肾疾病患者更应少食。在制作上，一般采取调入姜醋的方法缓解毒性，也有人喜欢将皮蛋蒸后再凉拌。爷爷在世时，常拿家里的鸭蛋去街上找人制作，这种工艺叫作"包皮蛋"。经过三四十天的历练，新鲜的鸭蛋已经慢慢转化成另一种与原味有天壤之别的食物。取回家，剥开加了稻壳的石灰层，去壳洗净后切成块，稍微加工就成一道好菜。

在川内，青椒皮蛋随处可见，湘菜里，剁椒皮蛋就更为大家所熟识。做剁椒皮蛋，极为简单，如果要做出特色也需要窍门。倘若将剁椒入油锅里先进行炒制，便可以增加皮蛋浑厚的口感。我自己做剁椒时喜欢加上姜米和蒜粒，被热油浸过会发出特别的香味。再另行配上生蒜米，以起到杀菌的作用。如果你买的是市售的成品剁椒，不妨加上一点姜米同炒，可以增加这道凉拌菜的风味。

喜爱做菜的人，很多时候会感受到生活的美妙。就拿剥皮蛋来讲，如若你遇上制作得好的皮蛋，剥的时候就能感受它的弹性，脱掉那层简陋暗淡的外衣，它的身子晶莹透亮细滑，许多美丽的松花布满蛋清表层，如同上等的玉石被雕刻上了精致的花纹。其实，你热爱生活，生活也会常常给你带来惊喜。

所用料
Materials

· 松花皮蛋2个
· 大蒜2粒
· 鲜味酱油1汤匙
· 香醋半汤匙
· 自制剁椒2汤匙
· 香葱1根
· 花生油1汤匙

这样做　Production Method

1　将松花皮蛋剥皮后，切成块状，摆盘。

2　香葱洗净后切成葱花，蒜切成蓉。

3　起净锅，放入花生油，油热后加入剁椒
　　炒香后关火。

4　取一碗，将酱油、香醋、蒜蓉拌成汁。

5　加入炒过的剁椒拌匀。

6　将调好的味汁淋在皮蛋上，撒上葱花，
　　即成。

TIPS

小贴士

酱油和剁椒有咸味，不必放
盐，醋的用量根据食者口味
酌定。

姜汁菠菜塔

在《滇南本草》中，菠菜名为鹦鹉菜，身绿嘴红，十分形象，相传在唐朝从印度一带传入中国，也叫波斯草，唐太宗尤其喜爱。只是这样正正经经追溯起来，就显得特别遥远而生疏，比不上琼瑶小说《还珠格格》里那个兰心蕙质的温婉女子，在野外为乾隆烹制的"红嘴绿鹦哥"，透着灵气与神秘，也不如小时候看过的动画片《大力水手》，Popeye吃了菠菜后的英勇与强壮，让人崇拜和向往。我常常以为，这样的动画片，应该是为不喜欢吃蔬菜的小朋友特制的，要不然，怎么会把一种再普通不过的菠菜说得如此神奇呢？

走过二十几载，眼见着菠菜的体形由小到大，根系越来越粗，水甚多，其味却愈加寡薄，那张红嘴也慢慢变成跟鸡嘴的颜色近似。我由衷地怀念那些矮小、根红、清甜的小菠菜，深深地感到浓缩的菠菜才是精华。

成熟后的菠菜不易保存，尤其是从地里拔出来之后，特别容易烂，附近的菜农种植菠菜也就越来越少了，偶尔会见到一处卖菠菜的，有着壮硕的叶子，价格在7元左右，菠菜的身价日趋高涨了。

菠菜可炒食，可做汤，亦能凉拌。炒食易生水，火候的掌控是关键，火小炒制时间长，菠菜汤汤水水，有生铁之气。菠菜猪肝汤，是常见的一道汤菜，也有人说两者不宜同食，因为这样完全没有食用价值。其实，吃菜跟做人相似，一味地带着特定目的去食去做，反而会让内心很多禁锢，即便对身体有益之物，也会因为肝气郁结，气血不畅，而适得其反。我以为，只要对身体无害，而自己又喜欢的食物，兴趣来了，满足食欲就是有益身心，就是小小的幸福。

菠菜凉食，数姜汁菠菜最受欢迎，色泽碧绿，鲜咸酸辣，姜汁味浓。而姜汁菠菜塔，是在造型上的改观，作为佐酒小菜，无论是从视觉还是味觉，都是一种享受，深受大众喜爱。姜汁的做法很简单，把老姜切成茸，用少许滚开水浸出味，再兑上酱油、盐、香醋、鸡粉。老姜透出的辣，跟辣椒的直爽相比，它是隐忍的勇士。最有品的姜汁菠菜，根根分明，红头绿尾，姜汁味浓，却不见多余的汁水，看似简单，也是一道见功夫的菜。

只可惜，市面上很难找到似鹦鹉的菠菜，满眼是粗胖的根，一看就有不除不快的冲动，而一除去，余水时也容易吸水，拌出来汁水四溢，要上升到有品就成了大难事。如若哪位朋友，能买到红嘴小菠菜，我定会驻足在远方，欢喜地为你暗送秋波。

所用料
Materials

· 菠菜400克
· 生姜1大块
· 酱油1/2汤匙
· 香醋2茶匙
· 鸡粉1茶匙
· 香油2茶匙
· 枸杞少许
· 盐适量

这样做 Production Method

1 将生姜去皮，压切成茸。

2 用少许开水浸姜汁10分钟。

3 调入酱油。

4 加香醋、鸡粉、适量盐。

5 锅里烧开水，将洗净沥水的菠菜放入氽至
断生后捞出沥水。

6 加少许香油，以保证其色泽。

7 加些枸杞，将调好的姜汁淋入拌匀。

8 取一个深筒形容器，把拌好的菠菜放入，
压紧，然后倒扣在盘中，即可。

TIPS

小贴士

❶ 氽菠菜，水开后下锅，复
开滚三滚也就成了。

❷ 沥出的菠菜，应该马上加
少许香油抓匀，浸润其碧绿
之色。

❸ 用姜汁现拌现食，是吃姜
汁菠菜的要诀。

凉拌腐皮卷

当很有质感的豆腐皮，遇上用香油拌过的爽脆的黄瓜丝与胡萝卜丝，一口咬下去，味道层层而来，外加香菜独特的清香，既养眼，又开胃。

7

8

9

10

11

12

所用料
Materials

· 千张1张
· 胡萝卜150克
· 黄瓜150克
· 香菜3根
· 香葱1根
· 大蒜2粒
· 香油2茶匙
· 花椒油2茶匙
· 辣椒油1汤匙
· 酱油1汤匙
· 盐适量
· 香醋适量
· 凉开水少许

这样做　Production Method

1 将大蒜捣成泥，加少许凉开水，兑成蒜水。

2 香菜去根洗净，香葱切成葱花。

3 将黄瓜和胡萝卜切成丝。

4 锅中烧开水，下入胡萝卜丝氽水后捞出，晾凉。

5 把千张切成方块，入锅中氽水后捞出。

6 取黄瓜和胡萝卜丝，加入适量盐、香油、一部分蒜水拌均匀。

7 展开千张皮，将拌好的双丝铺在上面。

8 向着一个方向，将千张皮卷起来，用香菜扎成结。

9 逐一扎好，装盘。

10 剩余的蒜水，加入酱油、辣椒油、花椒油、香醋兑成味汁。

11 放葱花。

12 把味汁均匀淋在千张卷上，即成。

TIPS
小贴士

① 千张氽水不能太久，起到杀菌的作用就行。

② 胡萝卜丝氽至断生即成。

③ 味汁可随自己喜好调配，喜好辣椒者，可以加些小米椒。

凉拌土豆丝

无论达官贵人，还是老百姓，应该都吃过土豆，土豆是很亲民的一种食物。川东地区叫土豆为洋芋，让人想起好些跟洋字有关的东西，比如洋火（火柴）、洋马儿（自行车）等。还有些地方称它为山药蛋，很有趣味。据说第一个吃土豆的人在瑞典，人们为了纪念他，还在市中心广场为他塑了一座青铜像。和第一个吃番茄和螃蟹的人一样，他们用勇气换来了众人的口福。

四川种土豆非常普遍，在农村，红薯和土豆都是必不可少的。奶奶种的土豆里，有一部分皮为红色，当时只觉得比普通土豆好看，现在才知营养价值要高得多。挖土豆，还得要技术，用力得当，一锄头下去，翻上来一窝土豆，抖抖多余的泥，用手一个个拔下，扔到篓子里，又继续挖。而新手，深一锄浅一锄，往往会让土豆分身，立刻涌现一阵歉疚感。挖破了的土豆不好保存，也是最先被吃掉的对象。倘若土豆表皮为绿色，或者放置过久发了芽，里面会含有龙葵素，最好弃之不食，以免中毒。

炝炒土豆丝、青椒土豆丝、红烧土豆、土豆烧鸡……用土豆做的菜不胜枚举，怎么做都好吃。它既能胸有成竹地当主角，也可以兢兢业业地当配角，在各种场合下都游刃有余。有时候觉得，做人应该向土豆学习。

父亲爱将川味腊肉切薄片，与蒜头爆香，掺一些开水，把洗过淀粉的土豆片放进去，和腊肉一起焖，不随意翻动，待锅内汁水收干时，一道香气四溢的农家风味菜就做好了。开水亦不可掺太多，约莫能让土豆熟透为宜。土豆借了味，口感绵软而饱满，还有腊肉的香气。每每回想起来都特别亲切、温暖。

在夏季，凉拌菜十分风靡，土豆也能赶上趟儿。把土豆切成细丝，冲洗干净，浸没在水里，然后用滚开水氽断生，继而放在凉开水里过凉，就可以加入自己喜欢的调料拌食。要土豆成丝，用刨子不妥，用刀切的才有口感，也更成形。喜欢吃脆爽的口感，氽水不可太久，一般水再次沸腾10秒左右就可捞起。如果实在找不到火候，可用筷子夹一根尝上一尝。在凉开水里加几滴白醋或者米醋，更能让土豆丝晶莹透亮。拌土豆丝，不宜用颜色较重的调味料，比如老陈醋、酱油之类，最好放到一边。用葱、姜、蒜熬点油，加盐与米醋，再添点香菜、鸡粉、花椒油和清亮的红油一起拌匀，清香而微酸，还带有一点小麻辣，在夏季吃十分可口。不食辣者，弃辣椒油，多加一点儿葱蒜油拌之，仍旧好吃。

所用料
Materials

- 土豆400克
- 香葱3根
- 香菜2根
- 大蒜2粒
- 去皮生姜1小块
- 花生油6汤匙
- 花椒油1茶匙
- 辣椒油1汤匙
- 鸡粉半茶匙
- 米醋适量
- 凉开水适量
- 盐适量

这样做 Production Method

1 将土豆去皮，切成丝，然后充分冲洗干净，再用清水浸没。

2 把生姜、大蒜切成细末，香葱切成葱花，香菜切成小段。

3 锅内烧宽水，水开后，放入土豆丝汆断生（水再次开后，大约10秒左右关火）。

4 马上将土豆丝移至凉开水过凉，里面滴几滴米醋。

5 炒锅内放花生油，油热后将生姜、大蒜末炸香后关火。

6 把葱花放在碗里，调适量盐，将炸姜蒜的热油淋在里面。

7 取1汤匙葱蒜油和花椒油、辣椒油、米醋、鸡粉、香菜、适量盐，放在沥干水的土豆丝里。

8 将各种调料与土豆丝充分拌匀，装盘，再淋一点葱蒜油，加点香菜，即可。

胭脂凉粉

能与染指甲的凤仙花媲美，给予我无限浪漫情怀的，非红苋菜莫数。从女孩到女人，总有一个阶段迷恋这些梦幻的色彩，它似乎承载着无数青春梦呓，还有轰轰烈烈的爱恨情仇。红苋菜，通过油或水加热后，会产生美妙的胭脂红。是胭脂红，也是女儿红，每一滴都流泻着对于生命的礼赞，潜藏着人生路途中的狂喜和心酸。

由于爷爷的家教，儿时家中不允许我染指甲，我便对其他孩子指甲上各种诱人的色彩十分艳羡。幸而还有奶奶种的红苋菜，每次摘回来，我会帮着细致地洗净，让奶奶炒食或者凉拌。而每次吃的时候，我总爱先浇一些汁水在饭上，把白米饭染成晶莹的红色，满心欢喜。然而，乡下不是每季都种苋菜，因而过了季节的时候，我会像盼望过年一般等待日月交替，等待它的另一个轮回。这种等待着实有些漫长。

用苋菜水做凉粉，在炎热的夏季，能带给你视觉上的冲击。将红苋菜洗净入水汆熟，取水与淀粉调和，入锅中加热，并不断搅拌，待其呈透明、起泡的状态便可以盛到容器，隔水冰镇或至冰箱冷藏定型。食用时，取出切条或块，再加些调料拌匀，食用起来身心愉悦。而汆水的苋菜，也可以根据喜好加香油、酱醋之类成为另一道好菜。

我念高中时，母亲开着一间杂货店，在暑假也卖凉粉。整整一条街道，数我们家的冰水和凉粉生意最红火。屋后有一口好井，井水甘甜，凉粉好吃、冰水好喝有它的功劳。加上正是新鲜山胡椒登场的好时节，用它捣碎做味汁，吃起来清凉爽口，椒香味浓，让人胃口大开。邻近的一位年轻老师，每天都会来我家吃上一碗，也不做声，吃完后把钱放在柜台就默默地离开。而有一次，似乎只动了两下筷子，就付钱走人了。我对此十分好奇，将其端到厨房一尝，原来忘记加盐了，没有一点咸味。对于要咸吃的食物，少了盐，还真难以接受。盐的地位举足轻重，真可谓百味要靠盐来呈。我从未见过如此矜持的人，这样一段插曲，也算是一件令人有些遗憾的趣事。

食凉粉，有中意甜味者，也有喜好酸辣的。在城里住得久了，就被用红油辣椒调制的味道摆弄得有些木讷。于是，取青椒与大蒜用油炒香，再加些盐与鸡粉做成青辣椒油。它没有红油辣椒的刚烈，有的是温润的香辣，有农家菜的风范。食材与食材的相互碰撞，会产生一些奇妙的味道，正如辣椒与大蒜在热油里相遇，会发出一种类似蘑菇的味道。这也恰似两个平凡的人，在契合的条件下，会碰撞出生命的火花。

所用料
Materials

· 豌豆淀粉200克
· 红苋菜1把
· 青椒3根
· 大蒜3粒
· 花椒油1茶匙
· 白糖1/4茶匙
· 盐适量

这样做 Production Method

1　将苋菜洗净沥水。

2　在锅中放水，将苋菜入锅中氽熟后捞出。

3　取苋菜水。

4　将豌豆淀粉与苋菜水以1:5的比例兑好，调匀。

5　放入锅中以中小火加热，并不停搅拌。

6　待锅内呈透明状，且起泡泡时关火。

7　把锅内的热凉粉倒入容器中，将容器隔冷水泡或者放入冰箱里冷藏至定型。

8　把辣椒洗净切细，大蒜切成末。

9　起锅，放少量油，将辣椒、蒜米、少许盐炒香关火。

10　根据食辣程度取新鲜辣椒油、适量盐、鸡粉、花椒油、白糖调成味汁。

11　把凉粉切成自己喜欢的形状。

12　浇上味汁，吃时拌匀即可。

TIPS

小贴士

❶ 淀粉与苋菜水的比例可在1:4至1:6之间。

❷ 味汁可根据自己的喜好调和，比如放些酱油之类。

图书在版编目（CIP）数据

一学就会的下饭菜／赛菲著. —郑州：河南科学
技术出版社，2013.5
ISBN 978-7-5349-6156-4

I.①一… II.①赛… III.①菜谱 IV.①TS972.12

中国版本图书馆CIP数据核字(2013)第069689号

出版发行：河南科学技术出版社
　　　　地址：郑州市经五路66号　　邮编：450002
　　　　电话：(0371) 65737028　　65788613
　　　　网址：www.hnstp.cn
策划编辑：李　娟
责任编辑：李　娟
责任校对：柯　姣
装帧设计：水长流文化
责任印制：张艳芳
印　　刷：北京盛通印刷股份有限公司
经　　销：全国新华书店
幅面尺寸：170 mm×240 mm　　印张：14　　字数：250千字
版　　次：2013年5月第1版　　2013年5月第1次印刷
定　　价：32.00元